油库加油站设备设施系列丛书

油库消防与安全设备设施

马秀让　主编

中国石化出版社

内容提要

本册主要内容由油库消防模式与系统组成；消防车；消防泵房设备；消防工程设施；消防器材设备；正压型空气呼吸器；安全、消防检测仪表；压力、温度测量仪表；安全监控及通信系统等的结构性能、操作使用、工作原理、性能检测、维护保养等。

本书可供油料各级管理部门和油库、加油站的业务技术干部及油库一线操作人员阅读使用，也可供油库、加油站工程设计与施工人员和相关专业院校师生参阅。

图书在版编目(CIP)数据

油库消防与安全设备设施 / 马秀让主编. —北京：中国石化出版社，2016.11(2023.2 重印)
(油库加油站设备设施系列丛书)
ISBN 978-7-5114-4286-4

Ⅰ.①油… Ⅱ.①马… Ⅲ.①油库-消防-安全管理 Ⅳ.①TE972

中国版本图书馆 CIP 数据核字(2016)第 260463 号

中国石化出版社出版发行
地址：北京市东城区安定门外大街 58 号
邮编：100011　电话：(010)57512500
发行部电话：(010)57512575
http://www.sinopec-press.com
E-mail：press@sinopec.com
北京柏力行彩印有限公司印刷
全国各地新华书店经销
*
850×1168 毫米 32 开本 8.875 印张 220 千字
2016 年 11 月第 1 版　2023 年 2 月第 2 次印刷
定价：38.00 元

《油库加油站设备设施系列丛书》
编 委 会

《油库消防与安全设备设施》编写组

主　　编　马秀让

副 主 编　聂世全　周江涛　王立明

编　　写　（按姓氏笔画为序）

王宏德　刘春熙　刘　刚　张宏印

周　娟　姜　楠　高少鹏　郭广东

曹常青　寇恩东　彭青松　景　鹏

谢　军

《油库加油站设备设施系列丛书》前言

油库是收、发、储存、运转油料的仓库，是连接石油开采、炼制与油品供应、销售的纽带。加油站是供应、销售油品的场所，向汽车加注油品的窗口，是遍布社会各地不可缺少的单位。油库和加油站有着密切的联系，不少油库就建有加油站。油库、加油站的设备设施，从作用性能上有着诸多共性，只是规模大小不同，所以本丛书将加油站包括在内，且专设一册。

丛书将油库、加油站的所有设备设施科学分类、分册，各册独立成书，有各自的系统，但相互又有联系，全套书构成油库、加油站设备设施的整体。

丛书可供油料各级管理部门和油库、加油站的业务技术干部及油库一线操作人员阅读使用，也可供油库、加油站工程设计与施工人员和相关专业院校师生参阅。

丛书编写过程中，得到相关单位和同行的大力支持，书中参考选用了同类书籍、文献和生产厂家的不少资料，在此一并表示衷心地感谢。

丛书涉及专业、学科面较宽，收集、归纳、整理的工作量大，再加上时间仓促、水平有限，缺点错误在所难免，恳请广大读者批评指正。

马秀让

本书前言

油品是易爆易燃的危险品，油库是危险场所，因此消防与安全是油库必须重视的头等大事。消防与安全设备器材是油库必备的物资，消防技术是油库全员必须掌握的本领，消防安全知识对油料系统各级管理者、油库业务技术干部及油库一线操作人员应知应会。

本书共十章。第一章介绍油库消防模式与系统组成；第二章介绍消防车的分类、数量配置、结构性能、操作使用、技术保养、性能检测、常见故障、排除方法及报废条件；第三章介绍消防站和消防泵站的设置及消防(泵)站内的设备；第四章内容主要有消防水池(罐)、消防水管网、消防间、防火堤等的设计、建造要求；第五章内容主要有消防器材设备的型号、规格、结构特点、技术参数、操作使用、性能检测、维护保养等；第六章内容主要有正压型空气呼吸器的结构原理、使用维护、气瓶充气及呼吸器校验；第七、八、九章介绍油库消防安全检测15种仪表的型号、用途、工作原理、技术参数、使用方法、维护保养等内容。第十章介绍油库安全监控和通信报警系统的设计方案。

本书可供油料各级管理部门和油库、加油站的业务技术干部及油库一线操作人员阅读使用，也可供油库、加油站工程设计与施工人员和相关专业院校师生参阅。

本书在编写过程中，参阅了大量有关书刊、标准、规范，对这些作者深表谢意；编写时得到了同行与相关单位的大力支持，在此表示感谢。

由于编写人员水平有限，缺点、错误在所难免，恳请同行批评指正。

编　者

目　录

第一章　油库消防模式与系统组成

第一节　油库消防模式

油库消防模式主要是介绍油罐低倍数泡沫灭火和冷却水系统组合模式，此模式主要有4种，介绍如下。

一、全固定式消防系统模式

全固定式消防系统即固定式泡沫和固定式冷却水系统，包括消防泵房(泡沫泵房和冷却水泵房合建)、泡沫管道和冷却水管道、油罐泡沫产生器和油罐冷却水喷淋管、泡沫接口和消火栓，见图1-1。

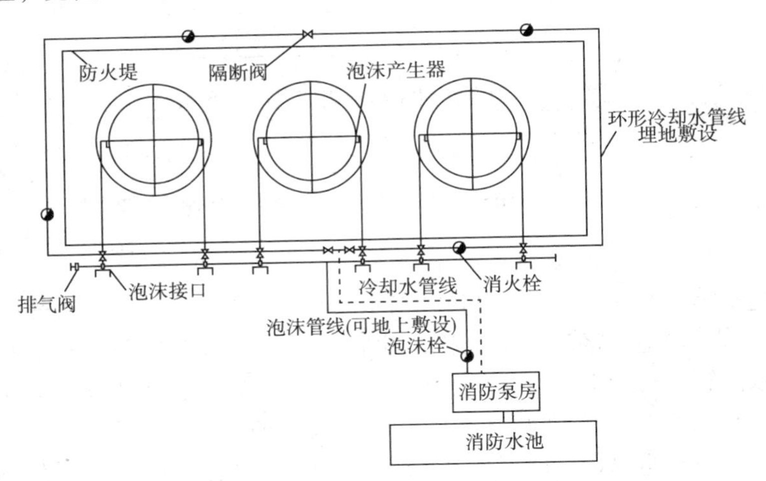

图1-1　全固定式消防系统

二、固定式泡沫与半固定式冷却水系统模式

固定式泡沫与半固定式冷却水系统，包括消防泵房(泡沫泵房和冷却水泵房合建)、泡沫管道和冷却水管道、油罐泡沫产生器、泡沫接口和消火栓，油罐上不装冷却水喷淋管，见图 1-2。

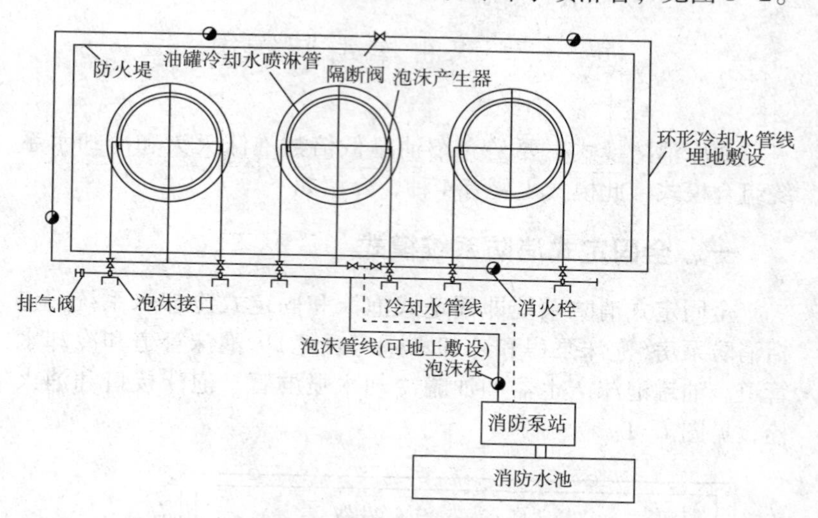

图 1-2　固定式泡沫与半固定式冷却水系统

三、半固定式泡沫与半固定式冷却水系统模式

半固定式泡沫与半固定式冷却水系统有两种形式，其一，包括消防泵房(泡沫泵房和冷却水泵房合建)、泡沫管道和冷却水管道、泡沫接口和消火栓，油罐上不装泡沫产生器和冷却水喷淋管，见图 1-3(a)。灭火时，泡沫栓接水带及泡沫枪或泡沫钩管供泡沫；冷却水则由水带接消火栓通过水枪喷淋。其二，只建冷却水泵房、冷却水管道和泡沫栓，油罐上装泡沫产生器但不装冷却水喷淋管，见图 1-3(b)。灭火时，消防车供给泡沫产生器

泡沫；冷却水则由水带接消火栓通过水枪喷淋油罐壁。

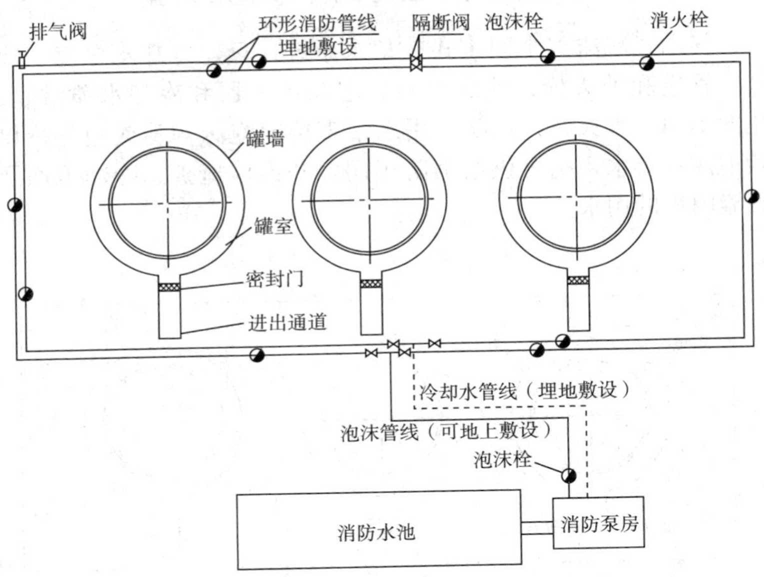

（a）油罐上不装泡沫产生器和冷却水喷淋管

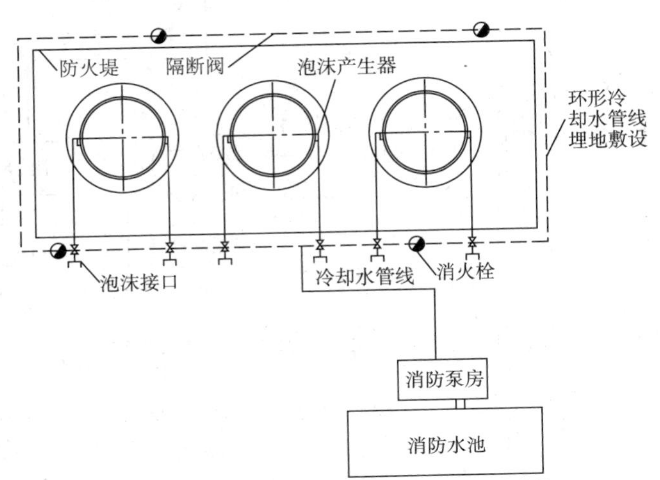

(b)油罐上装泡沫产生器但不装冷却水喷淋管

图 1－3　半固定式泡沫与半固定式冷却水系统

四、移动式泡沫与半固定式冷却水系统模式

移动式泡沫与半固定式冷却水系统，只建冷却水泵房、冷却水管道和消火栓，油罐上不装泡沫产生器和冷却水喷淋管，见图1-4。灭火时，消防车用水带直接向泡沫钩管或泡沫枪供给泡沫；供水系统可供给消防车用水和人体掩护、冷却地面及油罐附件的用水。

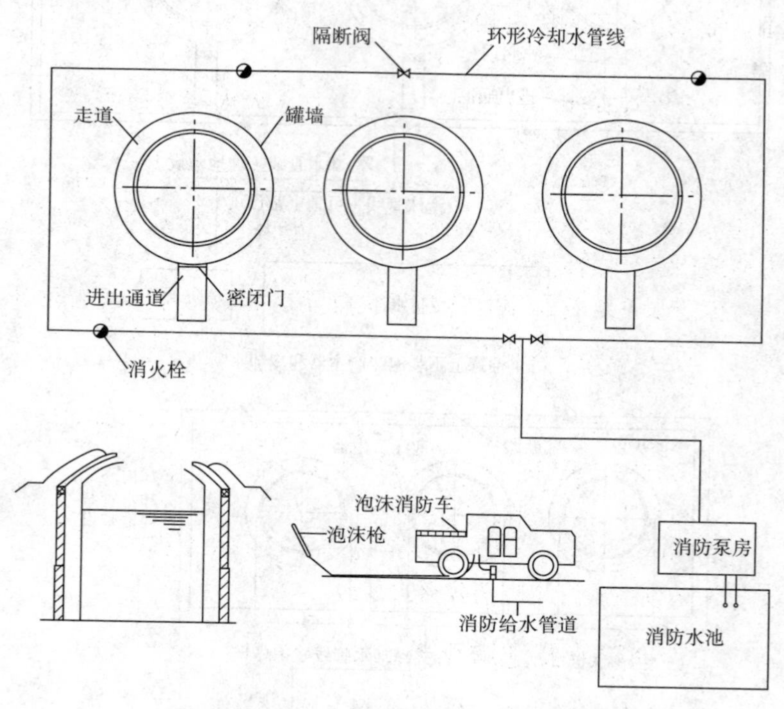

图1-4　移动式泡沫与半固定式冷却水系统

第二节　油库消防系统组成

一、油库消防系统综述

油库消防灭火，需要根据油库火情性质、大小、场所的不同，而选用不同的灭火物资，采用相应的灭火方法，启动不同的消防系统。

灭火物资有沙、石棉被、灭火工具、灭火器、消防水、泡沫液等。

消防沙、石棉被、灭火工具、灭火器等按规定设置在易着火的各个场所，扑灭小型着火、控制初期火情。这是随时随地、方便取用的零散性消防系统。

消防水系统的作用是冷却着火油罐和相邻油罐，配置泡沫混合液，扑救油类火和电气火以外的物质着火，如房屋等建筑着火、花草树木着火等。

泡沫混合液系统的作用是扑救油类火灾，主要针对油罐区的灭火，有固定系统、半固定系统和移动系统。

在油码头、铁路收发区有的安装泡沫炮灭火。

在油库还安装有消防报警系统，及时将火情报值班室。立刻按消防预案施行相应消防灭火手段。

二、消防水及泡沫灭火系统

消防水及泡沫灭火系统是扑救油类火灾的主要系统，两个系统是密不可分的二合一系统。整个系统由消防水源、消防水池(罐)、消防泵站(房)、消防管网、消防水泵、泡沫泵、泡沫罐、泡沫混合器、泡沫产生器、消防栓等组成。

消防水泵、泡沫泵、泡沫罐、泡沫混合器安装在消防泵站(房)内，泡沫罐内的泡沫液经过泡沫泵上装的泡沫混合器即产生泡沫混合液打入消防管网。泡沫产生器安装在油罐壁顶部，消防管网内的泡沫混合液经泡沫产生器时吸入空气即产生空气泡沫，打入罐内油面而灭火。

消防栓分布在各消防灭火点，与消防管网相连。与消防水管网相连的为消防水消防栓，与泡沫混合液管网相连的为泡沫混合液消防栓。

第二章　消防车

第一节　消防车的分类与数量配备

一、消防车的分类

消防车一般是由通用运输车底盘改装而成。消防车通常可按用途、承载能力、水泵位置、车厢型式及喷出物质五种方式分类，见表2-1。

表2-1　消防车的分类

分类		说明
方法	名称	
1. 按用途分类	(1)灭火消防车	能依靠自身动力喷射灭火剂，并能独立扑救火灾的专用车辆称为灭火消防车。灭火消防车主要类型有泵浦消防车、水罐消防车、泡沫消防车、干粉消防车、二氧化碳消防车、联用消防车等
	(2)专勤消防车	担负除灭火之外的某专项消防技术作业的专用车辆称为专勤消防车。专勤消防车包括通信指挥消防车、火场照明消防车、排烟消防车、抢险救援消防车、火因勘察消防车、消防宣传车等
	(3)举高消防车	装备举高和灭火装置，可进行登高灭火或消防救援的专用车辆称为举高消防车。举高消防车包括登高平台消防车、举高喷射消防车和云梯消防车
	(4)后援消防车	用来向火场补充灭火剂及消防器材的专用车辆称为后援消防车。后援消防车包括供水消防车、泡沫液罐车、器材消防车、救护消防车等。后援消防车一般用于大型及灭火作业延续时间较长的火场
	(5)机场消防车	可在行驶中喷射灭火剂的消防车，专用于处理飞机火灾和事故的消防车

续表

分类		说明
方法	名称	
2. 按承载能力分类	(1)轻型消防车	轻型是指由吉普车、旅行车等底盘改装的消防车，承载能力为500~3000kg
	(2)中型消防车	中型是指由解放、东风汽车底盘改装的消防车，承载能力为5000~6500kg
	(3)重型消防车	重型是指由斯托尔、红岩、罗曼等底盘改装的消防车，承载能力>8000kg
3. 按水泵位置分类	(1)前置式水泵消防车	前置式水泵是指水泵安装于消防车发动机前部的消防车
	(2)中置式水泵消防车	中置式水泵是指水泵安装于消防车中部，位于消防员室内的消防车
	(3)后置式水泵消防车	后置式水泵是指水泵安装于车厢后部，便于维修保养
	(4)侧置式水泵消防车	侧置式水泵是指水泵安装于车架侧面，一般后置式发动机的消防车采用。
4. 按车厢型式分类	(1)内座式消防车	内座式消防车是指消防人员均可坐在消防员室内、器材放置于车厢内的器材箱里，人员和器材不外露的消防车，既能防风吹雨淋，又能保证安全
	(2)敞开式消防车	敞开式消防车是指没有设置消防员室，消防人员站在车厢两侧，器材有的也露于外面，不安全，此种消防车基本上淘汰
5. 按喷出物质分类	(1)水消防车	这是水罐消防车，主要用于冷却油罐及扑救油火以外的火灾。水罐消防车配备有泡沫枪，可利用桶泡沫液扑救小规模油品火灾；还可用于冷却保护、喷淋供水等。油库中装备水罐消防车的不多
	(2)泡沫消防车	消防车上装有泡沫，扑救油料火灾
	(3)干粉消防车	消防车上装有干粉，扑救油料火灾
	(4)泡沫干粉联用消防车	消防车上装有泡沫与干粉，扑救油料火灾

对于油库来说，配置的消防车主要是中型泡沫消防消防车，其次是泡沫干粉联用消防车，在大型油库中也有配置重型泡沫消防车的。

二、油库消防车的数量配备

根据《石油库设计规范》GB 50074 的规定，油库消防车的数量配备见表 2-2。

表 2-2　油库消防车的数量配备

<table>
<tr><th colspan="2">情况</th><th>消防车车台数确定</th></tr>
<tr><td colspan="2">1. 当采用水罐消防车对油罐进行冷却时</td><td>水罐消防车的台数应按油罐最大需要水量进行配备</td></tr>
<tr><td colspan="2">2. 当采用泡沫消防车对油罐进行灭火时</td><td>泡沫消防车的台数应按着火油罐最大需要泡沫液量进行配备</td></tr>
<tr><td rowspan="4">3. 设有固定消防系统的石油库，其消防车配备应符合右列规定</td><td>(1) 油罐总容量 ≥50000m^3 的二级油库中</td><td>当固定顶罐、浮盘用易熔材料制作的内浮顶储罐单罐容量不小于 10000m^3 或外浮顶储罐、浮盘用钢质材料制作的内浮顶储罐单罐容量不小于 20000m^3 时，应配备 1 辆泡沫消防车</td></tr>
<tr><td rowspan="2">(2) 一级油库中</td><td>①当固定顶罐、浮盘用易熔材料制作的内浮顶储罐单罐容量不小于 10000m^3 或外浮顶储罐、浮盘用钢质材料制作的内浮顶储罐单罐容量不小于 20000m^3 时，应配备 2 辆泡沫消防车</td></tr>
<tr><td>②当一级石油库中储罐单罐容量大于或等于 100000m^3 时，还应配备 1 辆举高喷射消防车</td></tr>
<tr><td>(3) 特级石油库</td><td>特级石油库应配备 3 辆泡沫消防车；当特级石油库中储罐单罐容量大于或等于 100000m^3 时，还应配备 1 辆举高喷射消防车</td></tr>
<tr><td rowspan="3">4. 油库应与临近企业或城镇消防站协商组成联防</td><td rowspan="3">联防企业或城镇消防站的消防车辆符合下列要求时，可作为油库的消防计算车辆</td><td>①在接到火灾报警后 5min 内能对着火罐进行冷却的消防车辆</td></tr>
<tr><td>②在接到火灾报警后 10min 内能对相邻油罐进行冷却的消防车辆</td></tr>
<tr><td>③在接到火灾报警后 20min 内能对着火罐提供泡沫的消防车辆</td></tr>
</table>

第二节　油库消防车的结构性能及使用维护

一、水罐消防车的结构性能及使用维护

水罐消防车简称水罐车，以水罐和水泵为主要消防设备，油库中装备水罐消防车数量不多，但在我国消防部队是配备最广泛、使用最多的灭火消防车。主要用于扑救房屋建筑及其他一般固体物质（A类）火灾。水罐消防车配备有泡沫枪，可利用桶泡沫液扑救小规模油品火灾，还可用于冷却保护、喷淋供水等。

（一）分类、结构及技术参数

1. 分类

水罐车一般有中型和重型两种。中型车型号有CG30/30、CG35/30、CG36/30、CG40/40等，重型车型号有CG60/50、CG70/60等。

2. 结构

以CG35/30内座式水罐消防车为例说明水罐消防车结构，见图2-1。

（1）以CG35/30型内座式水罐消防车为例简要说明其结构。它主要由乘员室、水罐、水泵系统及器材箱等（改装）部分组成。整体式消防员乘坐室，中间由隔板分开，前面是驾驶室，后面是消防战斗员室。

（2）水泵系统由水泵、传动机构、管道、水环引水装置及操纵机构等部分组成。水泵装置置于消防战斗员室座位下面，通过取力器和传动机构由原车发动机带动。

（3）有些水罐消防车上，特别是重型车上安装有固定水炮。

（4）器材箱在车的后部，内放置随车附件及工具。

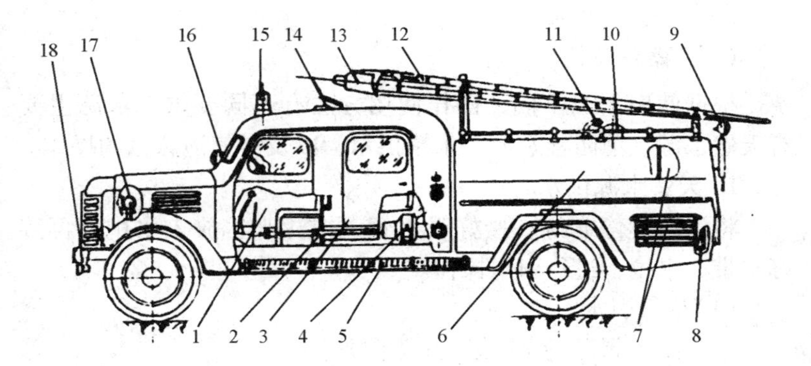

图 2-1　CG35/30 内座式水罐消防车结构示意图

1—驾驶员室；2—灭火器；3—消防员室；4—水泵；5—吸水管；6—水罐；7—器材箱；8—汽油箱；9—后照明灯；10—水罐盖；11—注水接口；12—杆钩；13—二节拉梯；14、15—警灯；16—车前照明灯；17—冷却器；18—电子警报器及喇叭

3. 技术参数

几种水罐消防车的主要技术参数见表 2-3。

表 2-3　水罐消防车的主要技术性能参数

项目		CG 18/30	CG 30/30	CG 35/30	CG 36/30	CG 30/35	CG 35/40	CG 36/40	CGP 36/40	CG 60/50A	CG 70/60
底盘型号		CA15	CA15	CA15	EQ140J	EQ 140	A141	Eq140	EQ140	JN150	R10. 215F
满载总重量/kg		7600	8600	9115	9400	10000	9254	9320	9225	15300	17000
满载轴荷	前轴/kg	1950	2000	2098	2500	2800	2444	2310	2310	5100	6400
	后轴/kg	5650	6600	7017	6900	7200	6810	6920	6915	10200	10600
水罐容量/L		1800	3000	3500	3600	3000	3500	3600	3600	6000	7000
水泵型号		BS30	BS30	BS30	BS30	BG35	BD42	BD42	BD42	BDSOA	RS60
引水高度	水环引水/m	8	8	8	8	7	活塞式	7	7	刮片	7
	排气引水/m	7	7		7						
引水时间	水环/s	25	25	25	25	25	活塞式 30	30	30	25	45
	排气/s	35	35		35						

（二）操作使用

根据使用水源不同，操作使用方法有不同要求。水源主要有天然水源、消防栓水源、水罐供水，以及空气泡沫枪的操作。

1. 天然水源供水

将消防车停靠好，接好吸水管，把滤水器放入水中，再接好水带、水枪，进行引水操作。

（1）排气引水。

①关闭各阀门（真空表、压力除外）。

②启动发动机，将变速器操纵杆放入空档。

③将排气引水手柄后拉，使排气引水器工作，逐渐加大油门，提高发动机转速。

④当真空表指示一定的真空度、指针左右摆动不再上升时，水泵内已进水。这时，拉动取力器操纵杆，挂上水泵挡，使水泵工作。同时，迅速将排气引水手柄复原位，停止排气引水器工作。

（2）水环泵引水。

①按排气引水的①和②项操作。

②将取力器操纵杆向后拉，使水泵低速运转。

③将水环引水手柄后拉（有的车型为前推），水环泵运转。

④加大油门，加速水泵运转，当真空表达到一定数值，水泵出口压力达到0.2MPa时，将水环引水手柄复原位，水环泵停止工作。

2. 消火栓供水

（1）将吸水管一端与消防车水泵进水口连接，另一端与消火栓连接。

（2）打开压力表旋塞阀，关闭其他各阀和旋塞阀。

（3）启动发动机，将取力器操纵杆后拉，使水泵低速运转。

（4）打开消火栓和水泵出水口球阀，即可供水。

3. 水罐供水

（1）按消火栓供水的（1）和（2）项操作。

(2)打开后进水阀门，使水罐水流入水泵。

(3)打开水泵出水球阀，并按需要操纵油门，使水泵增压、供水，即能满足需要。

4. 空气泡沫枪使用

(1)将空气泡沫枪吸液管插入空气泡沫液桶内，泡沫枪启闭手柄扳至吸液位置。

(2)按水泵的使用方法供水，控制好水泵压力，以满足空气泡沫枪的工作压力。开启泡沫枪启闭手柄，空气泡沫即可喷出灭火。

(三)维护保养

1. 消防车底盘的维护保养。

消防车底盘部分的维护保养除按原车要求进行外，但必须注意以下几点：

(1)车库应清洁、干燥，出入方便，设有保温装置。

(2)及时加添燃料油、润滑油、冷却水，车辆达到四不漏(即不漏油、水、电、气)。

(3)检查轮胎气压及风扇皮带松紧度是否符合标准。

(4)经常检查保养灯光、信号、喇叭及蓄电池，保证工作良好。

(5)经常试车，检查发动机、取力器、水泵等运转是否正常，有无异常响声。

(6)经常保持全车整洁、润滑良好、紧定可靠、调整适当，使车辆处于良好的战斗状态。

2. 离心泵及引水装置保养

(1)水泵累计运转3～6h，应加注润滑油一次。

(2)水泵使用后应及时排放水泵、管路内的存水，防止腐蚀和冻裂。水泵进出口用闷盖盖好，并在螺纹处涂上润滑脂。

(3)定期清除排气引水器的积炭。

(4)冬季应在水泵储水箱添加防冻剂。

(5)定期对离心泵及引水装置的最大吸入能力、引水时间、最大出水量进行实测，不符合性能指标时，应及时修复。

3. 出勤后归队保养

(1)清洁车辆，排除故障。

(2)添加燃料油、润滑油、冷却水。

(3)使用海水、矿泉水或污水后，应对水泵、水罐及管路进行冲洗。

(4)检查、整理各类灭火器材及附件是否齐全归位、清洁干燥，否则进行修理更换。

(5)排尽水泵、管路、球阀等处存水。

二、泡沫消防车的结构性能及使用维护

泡沫消防车是油库装备最广泛、使用最多的灭火消防车。泡沫消防车装备有消防水泵、水罐、泡沫液储罐、成套泡沫设备。它适用于油库、石油化工企业和油码头等扑救可燃易燃液体(B类)火灾使用，也可用来扑救其他场所的固体火灾(A类)。扑救油类火灾时，使用3%型或6%型的泡沫液，通过比例混合装置、泡沫枪(炮)以6~10倍的空气泡沫喷射到火源灭火。

(一)分类

泡沫消防车采用解放、东风、黄河、罗曼等载重汽车底盘改装。泡沫消防车按底盘承载能力可分为中型和重型两种，按有无车载泡沫炮分为无泡沫炮(CP型)泡沫消防车和载泡沫炮(CPP型)泡沫消防车两种。如CPGB型、CPP18型是泡沫消防车，CPP15型、CPP45型是重型泡沫消防车。

(二)结构

1. CP15A内座式泡沫消防车

CP15A内座式泡沫消防车主要由乘员室、储液罐、水泵系统、泡沫系统和器材箱等组成，其结构如图2-2所示。

(1)乘员室为整体结构，中间用隔板分开，前面为驾驶室，包括驾驶员可乘3人，后面为消防战斗员室，可乘坐5人。储液罐为整体可卸式结构，中间隔开，前部是泡沫液储罐，后部是储水罐，两罐顶部均有加注口。

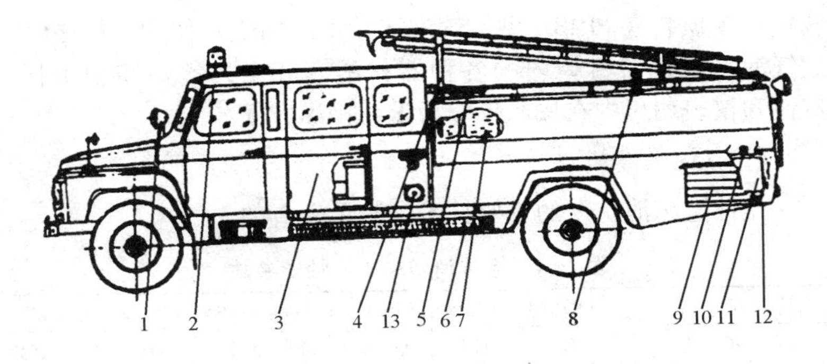

图 2-2　CP15A 内座式泡沫消防车结构示意图

1—车前照明灯；2—12V 回转警灯；3—消防员室；4—梯架总成；
5—泡沫液加注口；6—吸水管；7—泡沫液、水罐；8—水罐注水弯管；
9—器材箱；10—附件及工具；11—汽油箱；12—车后照明灯；13—水泵及泡沫系统

(2)供水系统由水泵、取力器、传动机构、管路、水环引水装置等部件组成。水泵通过取力器和传动机构由原车发动机带动，装置于乘员室的座椅和靠背下面，在车的两侧均有进、出水口，通过管路与储液罐相连。

(3)泡沫系统主要由泡沫比例混合器(环泵式)、管路和泡沫枪(炮)构成，通过比例混合器使泡沫液储罐与水泵连接，使泡沫液和水按比例(6%或3%)混合。

2. CPP15 载炮泡沫消防车

CPP15 载炮泡沫消防车采用 JN150162 型载重汽车底盘改装而成，改装后仍保持原车底盘的性能。整车由乘员室、泡沫液储罐、水罐、水泵室、空气泡沫－水两用炮、分动箱动力传动系统、水泵及进出水系统、操纵仪表板、器材箱、电子警报灯装置等部分组成。

(1)乘员室内设有前、中、后三排座位，可乘坐 8 人(含驾驶员)。

(2)水泵是后置式(双出)水单级离心泵，并带有高效能滑片式引水泵。

(3)空气泡沫混合系统安装在水泵的进出口之间，为环泵式装置；车顶装有 PP48A 型空气泡沫 - 水两用炮，使用3%或6%空气泡沫液；器材箱内的各种器材配套齐全；各种控制手柄、按钮和仪表均集中在操纵仪表板上，操纵方便。

（三）技术参数

几种泡沫消防车的主要技术参数见表2-4。

表2-4　泡沫消防车主要性能参数

项　目		CP10B	CPP5	CP10	PP10	CPP15	CPP10	CPP45
底　盘		CA15	A141	EQ140	EQ140S	JN150	JN162	K10. 215E
满载总重/kg		8600	9065	9850		15400	17260	
前轴/kg		2000	2401	2450	9900	5100	5860	16800
后轴/kg		6600	6664	7400	2450 7450	1030	11400	6500 10300
外形尺寸/mm	长	7080	7165	7640	7640	7708	8095	8410
	宽	2400	2300	2460	2460	2520	2500	2500
	高	2600	3054	2530	2530	3340	3420	3500
水罐容量/L		2000	2000	3000	3000	4500	5500	1500
泡沫罐容量/L		900	500	1000	1000	1500	1000	4500
最大泡沫供给量/(L/s)		200	200	200	200	300	300	300
水泵形式		BS30	BD40	BD42	BD42	BD50	BD50	BS60
最大吸水高度/m		8	柱塞7	7	7	刮片7	刮片7	7
引水时间水环/s		25	30	25	25	25	25	45
排气/s		35						
炮射程/m	泡沫		45		45	55	55	55
	水		50		50	60	80	70

（四）使用方法

（1）直接用车载泡沫炮扑救油类火灾。

（2）与半固定式消防设备连接，扑救油类火灾。

（3）与移动式泡沫消防设备连接（如泡沫钩管连接），扑救油类火灾。

（五）操作使用

（1）水泵。无论是用水灭火还是使用泡沫灭火，都要使用水泵。水泵的使用与维护见水罐消防车水泵的使用与维护。

（2）泡沫灭火装置。泡沫灭火装置的操作使用及其维护保养见表2-5。

表2-5 泡沫消防车用泡沫灭火的操作使用及维护保养

<table>
<tr><th>名称</th><th>操作使用</th><th>维护保养</th></tr>
<tr><td>空气泡沫炮灭火</td><td>（1）调节发动机油门，使泡沫炮的压力达到额定工作压力
（2）打开泡沫液阀门，调节混合比，使之与泡沫所需的混合液量相符
（3）使泡沫炮对准目标喷射</td><td rowspan="3">（1）按照说明书的要求对消防车底盘进行保养
（2）参照水罐消防车的维护保养方法，对水路系统及一般消防器材进行保养
（3）每次使用泡沫灭火后，必须认真清洗管道、比例混合器和水泵，但不能让水进入泡沫液储罐
（4）定期检测泡沫液，凡检测不合格的要及时更换
（5）定期清洗泡沫液储罐，去除沉积物。若发现泡沫液储罐有腐蚀现象，应及时修补，腐蚀严重无法修补时，应及时更换</td></tr>
<tr><td>泡沫枪灭火</td><td>（1）在车上接上水带，连接移动式泡沫灭火设备
（2）打开出水球阀，调整工作压力，再打开泡沫液阀，调节混合比，使之与所需要的混合液量相同
（3）使泡沫喷射装置对准目标喷射</td></tr>
<tr><td>外接吸液口的使用</td><td>（1）在以上两项工作的基础上，打开外接吸液口的闷盖，接上吸液管
（2）将吸液管插入泡沫液桶中吸液</td></tr>
</table>

（3）应按规定期限对泡沫液进行质量检测，凡检测不合格的应及时更换。

（4）泡沫液储罐应定期清洗，去除沉积物。若发现泡沫液储罐有腐蚀现象，应及时修补，腐蚀严重无法修补，应及时更换。

（六）维护保养

泡沫消防车的维护保养除泡沫系统外，与水罐消防车维护保养要求相同。

第三节 消防车技术保养

一、消防车技术良好标准

消防车技术良好标准如下。

(1)车容整洁，后视镜和“五盖”(油箱、水箱、加注机油口、蓄电池、轮胎气门嘴)齐全，门、窗开关自如，各连接件可靠紧固，无漏气、漏油、漏水、漏电现象。

(2)发动机启动容易，机油压力和温度正常。高、中、低速运转均匀稳定，动力性和加速性良好，无异常响声。

(3)离合器分离彻底，结合平稳、可靠，无异常响声。

(4)转向装置调整适当，操作轻便，灵活可靠。

(5)手脚制动调整适当，反映灵敏，作用良好，制动距离符合要求。

(6)各齿轮箱和传动系统无异常响声，无过热现象，工作可靠。

(7)各种仪表、照明、信号、雨刮器齐全，性能良好，全车电气线路整齐，连接可靠。

(8)空气滤清器、机油粗细滤清器、汽油滤清器和液压系统滤清器清洁完好。

(9)全车各润滑点润滑充分。

(10)轮胎装配合理，气压正常。

(11)蓄电池清洁完整，固定可靠，电解液密度和液位适当。

(12)钢板弹簧和减震器性能良好。

(13)底盘各部调整适宜，车辆润滑良好。

(14)消防泵、云梯、泡沫混合器等固定灭火设施性能良好，各操作机构灵活可靠。

(15)泡沫液数量充足，质量完好。

(16)随车灭火器具齐全无损，性能良好，固定可靠。

(17)维护保养工具及附件齐全完好。

二、消防车的技术保养

技术保养是一种预防措施，通过技术保养，对消防车进行清洁、紧定、润滑、调整及排除故障，使消防车各系统和总成经常达到技术标准的要求，保持良好的技术状态，延长使用寿命，保证灭火战斗的顺利进行。

根据车辆各部机构本身技术状态的变化和磨损，需要进行周期性保养。一般消防车技术保养分为：日常保养、初驶保养、一级保养、二级保养、停驶保养、换季保养等。

(一)日常保养

日常保养以清洁、检查为工作重点。包括出场前及回场后的保养和在使用中的检查。通过检查保养使消防车及时恢复工作能力，为下次训练、执勤做好准备。

1. 消防车在火场或训练场使用时的检查

(1)观察所有仪表，检查其是否正常。

(2)倾听发动机、取力器、传动轴、水泵、泡沫泵、油泵、油马达的工作有无异常响声。

(3)发动机水温是否保持在80~90℃之间。温度过高时，应用附加冷却器进行冷却。机油压力是否在196~392kPa范围内。

(4)消防车严寒季节使用时，若要暂停供水，应让水泵低速运转，以防止冻结；供水完毕应将管路及水泵内的水排除，以免冻结损坏设备。

(5)尽量减少高压、高速供水、供液的时间。

2. 消防车执行任务返队后的保养

(1)检查外观，清洁车身、乘员室等的外观。

(2)检查清洁车架、车桥、车轮和轮胎。

(3)检查驾驶室、乘员室、器材箱门锁。

(4)检查水箱、水罐、泡沫罐、油底壳、燃油箱等容器内液体的数量，并分别按规定添加。

(5)检查清洁喇叭、灯光、报警、仪表、照明、信号系统效能是否正常。

(6)检查与行车有关的前桥、转向、制动系统和雨刮器功能。

(7)检查清洁消防管路、阀门及引水系统，检查水泵、发动机、桥壳、变速器、取力器，附加冷却系统是否渗漏。

(8)检查消防装备的紧固状况，检查各部松旷、漏水、漏油、漏气情况。

(二)初驶保养

为延长车辆使用寿命及排除车辆组装过程中的失误和疏忽，或者在仓库和运输中保管不当，各部件可能产生松动、缺件、调整不当、渗漏及局部损坏等故障，新车或大修车必须进行严格的初驶保养。

1. 初驶前的保养

(1)清洁全车。

(2)检查并紧定各部螺丝、锁销。

(3)检查润滑油和特种液的数量。

(4)检查轮胎和蓄电池，必要时充气、充电。

(5)润滑全车各润滑点。

(6)检查调整前束和手脚制动。

(7)检查灯光、信号及转向机和横直拉杆的技术状态。

2. 初驶中的检查保养

消防车行驶500km左右，必须进行下列保养项目。

(1)检查发动机的润滑油，必要时更换或添加。

(2)润滑全车各润滑点。

(3)检查制动系统和各连接管路，必要时调整紧定。

(4)检查紧定气缸盖和进、排气支管螺栓(铝合金缸盖冷车紧定，铁盖热车紧定)。

(5)检查调整气门间隙。

3. 初驶后的保养

消防车行驶1200km后，除日常保养项目外，还应进行以下保养项目。

(1)清洁发动机润滑油系统(拆洗油底壳，并检查主轴承和连杆轴承螺丝，螺帽紧定及锁销情况)和变速器、发动器、差速器、轮胎及前后桥转向节，并过滤或更换润滑油。

(2)卸下或调整限速器。

(3)放出燃油箱中的沉淀物，清洗各空气滤清器、汽油泵沉淀杯及滤网，更换空气滤清器中的润滑油。

(4)润滑全车各润滑点。

(三)一级技术保养

消防车行驶1000km或每月应进行一级技术保养，以润滑、紧定为重点，主要内容是：

(1)检视发动机有无异响，各仪表工作是否正常。

(2)检查清洗空气滤清器、燃油滤清器、机油滤清器、液压系统滤清器，必要时更换滤芯。

(3)检查清洁分电器、火花塞、化油器。

(4)检查清洁蓄电池、发电机、启动机，紧定螺丝，润滑轴承。

(5)检查紧固发动机、取力器、水泵及传动件，并润滑轴承和引水器。

(6)检查调整传动皮带。

(7)检查变速器、差速器、制动机构、操纵控制机构，检视和添加润滑油和润滑脂。

(8)检查离合器、转向各拉杆、主销，并润滑各关节。

(9)检查润滑前后轮毂，拧紧半轴螺母。

(10)检查紧固钢板弹簧，润滑钢板销。

(11)检查紧定水、气、油管路及电路系统接头。

(12)检查紧定驾驶室、乘员室、叶子板、器材箱、踏脚板、油箱架，蓄电池架、牌照架、灯架、水罐、泡沫罐、干粉罐等的螺栓。

（13）检查消防器材及附件的固定情况，润滑各开关、阀门，紧固所有连接件。

（四）二级技术保养

消防车行驶里程达5000km或每年进行一次以检查、调整为重点的二级技术保养。二级技术保养除完成一级技术保养的内容外，还应进行下列项目的保养。

（1）检查气缸压力，拆卸气缸盖，清除燃烧室积炭，检查气缸磨损。

（2）检查连杆轴承、曲轴轴承、凸轮轴承及轴向和径向间隙，拆洗油底壳。

（3）拧紧气缸排气支管螺栓，调整离合器踏板自由行程，润滑离合器轴承，调整气门间隙，必要时研磨气门。

（4）清洗活塞环及环槽，排气引水器，清除积炭。

（5）检查变速器、取力器、差速器齿轮的啮合情况，消除漏油，调整换挡定位装置。

（6）清洗润滑系统和液压系统，更换润滑油和液压油；清洗燃油箱；清洗调整汽油泵和化油器。

（7）检查手制动、脚制动蹄片磨损情况，并进行调整、润滑、紧定。

（8）检查传动轴、过桥、花键盘、万向节磨损情况，调整主减速器间隙，消除漏油，疏通排气孔。

（9）检查横、直拉杆接头，检查转向节、转向直臂、弯臂。

（10）检查调整转向器、方向盘游动间隙、前束。

（11）拆卸、清洗润滑前后桥轮毂轴承；检查轴头、壳是否完好，润滑各轴承。

（12）检查制动分泵、总泵是否漏油、漏气，紧固连接螺丝。

（13）检查前后钢板弹簧，清除油污，更换有裂纹的钢板弹簧，润滑钢板销。

（14）检查轮胎摆动情况，实施轮胎换位，清洁车轮，必要时涂漆。

(15)检查水罐、泡沫液罐、干粉罐与车架连接状况。

(16)检测蓄电池电解液密度和液位，检查调整启动机、发电机、调节器。

(17)检查调整喇叭、照明、雨刮器、附加电气设备、控制电路等。

(18)检查清洁消防器具、阀门、球阀，以及各控制机构。

(19)检查驾驶室、乘员室、器材箱、水泵等是否锈蚀，门把、铰链、门锁是否完好。

(20)拆卸、检查、清洗比例混合器、泡沫液罐。

(五)停驶保养

为确保消防车处于良好技术状态，保证随时可以出动执勤，凡停驶一周以上的车辆均应进行停驶保养，停驶一月以上的车辆应封存。

(1)必须解除钢板和轮胎的负荷。

(2)清洁车辆、除锈、涂漆或涂油防锈。

(3)排除发动机、曲轴箱和缸体中的废气和混合气，并向各缸内倒入30~50g脱水机油，然后摇转发动机几转。

(4)添加燃油，排放冷却水。

(5)密封空气滤清器、加机油口、加汽油口、油标尺口、汽化器进气通道、曲轴箱通风孔和排气孔。

(6)拆下蓄电池，放到充电间保管。

(7)放松手制动，密封变速器及前中后桥、分动器、取力器通风孔。

(8)润滑手油门、阻风门、百叶窗的操纵机构，润滑化油器、高压泵、离合器、手脚制动器、云梯等操纵机构、手柄和活动关节。

(9)吹扫油管内的油品，密封燃油箱、汽油泵、柴油泵、各滤清器。

(10)润滑驾驶室、乘员室、帘子门、玻璃升降器、牵引钩、引擎盖挂钩等活动部位。

(11)清洁工具、附件，并涂油。轮胎要避免日光直接照射。

(12)对长期停驶或封存的消防车，每半年至少进行一次行车检验，消除保养不当处，然后重新封存。

(13)燃油箱内的油品每半年，最长一年应更换一次，以防油品变质，影响应急执勤。

(六)换季保养

为使消防车适应季节变化，保证工作可靠，入冬入夏之前应进行换季保养。

(1)清洗燃油箱、冷却系，检查节温器、压力表、真空表。

(2)将曲轴箱、齿轮箱、桥壳、液压系统油箱内的润滑油及工作液，更换为符合季节要求的润滑油及工作液。

(3)调整发电机发电量及蓄电池电解液密度。

(4)按季节要求调整供油系统和进、排气预热程度，调整水泵预热位置及附加冷却系统控制开关，润滑各放水开关。

第四节　消防车性能检测

一、检测泡沫泵、比例混合器的性能

(1)调整比例混合器流量档位，启动泡沫泵，待运转稳定后，观察泡沫泵的出口压力表。

(2)根据压力从“泡沫泵性能曲线图”上查出泡沫混合液流量。

(3)当泡沫混合流量符合设计要求时，则泡沫泵、比例混合器满足灭火要求。

二、检查消防车水罐和泡沫罐

检查消防车水罐和泡沫罐是否充满水和泡沫液，若没有充

满，应重新加注。

三、检测消防水泵

(1)将消防车停到指定的工作场所，打开车门，取出相关配件，在消防水(泡沫)泵的出口连接消防水带和标准式压力表水枪，见图2-3。

图2-3　泡沫消防车展开示意图

(2)启动消防车发动机，运行平稳后启动消防车水泵并提速增压，标准式压力表水枪水喷，分别观察、记录消防水泵出口压力和标准水枪上压力表上显示数据。

(3)根据记录压力，从标准式表水枪对应的《标准式压力表水枪压力流量曲线图》查出水枪出口流量，然后与消防车说明书中提供的给水流量进行对比，实际流量满足说明书中提供的给水流量时，消防水泵给水性能满足要求。

第五节　消防车常见故障、排除方法及报废条件

一、水罐消防车的常见故障及排除方法

水罐消防车的常见故障及排除方法见表2-6。

表 2-6　水罐消防车常见故障及排除方法

故　障	产生原因	排除方法
1. 水泵在规定时间内引不上水，真空表不指示真空度或真空很小	(1)漏气，吸水管连接不严密，水泵放水旋塞未关，轴封过松 (2)引水开关未开 (3)引水装置有故障 (4)滤水器露出水面	(1)拧紧接口，关好旋塞，更换零件 (2)打开引水开关 (3)检修 (4)沉入水中
2. 水泵出水量不足，真空表所指示真空度很大	(1)滤水器单向阀卡塞 (2)滤水器埋入泥中或被污物堵住 (3)水泵进水口被堵 (4)吸水管内壁脱胶堵塞 (5)吸水深度过大	(1)排除 (2)清除 (3)清除 (4)更换吸水管 (5)减小吸深
3. 水泵出水压力减低，真空度逐渐增加	进水系统逐渐被堵塞	清除
4. 出水压力不高，泵转速超过额定值	超过水泵出水量	减小水枪支数
5. 出水压力不高，泵转速上不去，水泵中断出水，压力表指针摆动厉害，泵转速加快或压力表无压力，泵转速高	(1)发动机有故障 (2)吸水管入水深度不够，滤水器外形成涡流，将空气带入泵内 (3)滤水器露出水面 (4)吸水管接头松动	(1)检查调整 (2)沉入深水中 (3)沉入水中 (4)重新接好
6. 水泵系统工作正常，但压力表不显示压力	压力表损坏	更换压力表
7. 水泵挂挡后，离合器接合时发动机突然熄灭	泵内吸入大量污物和泥沙卡住水泵叶轮	拆开水泵盖进行清除
8. 发动机水温升高，附加冷却器不起作用	冷却器管道堵塞	清除堵塞
9. 警灯开关打开后不动作	保险丝损坏	更换保险丝

二、泡沫消防车泡沫系统常见故障及排除方法

泡沫消防车泡沫系统常见故障及排除方法见表2-7。

表2-7 泡沫消防车泡沫系统常见故障及排除方法

故障现象	一般原因	排除方法
1. 泡沫枪或炮只喷射水不喷射或中断喷射空气泡沫	(1)空气泡沫比例混合器没有打开	(1)开启混合器，并按要求选择定量孔
	(2)水源压力超过0.049MPa，使空气泡沫比例混合器不能吸取和输出泡沫液	(2)取压力小于0.049MPa的水源
	(3)泡沫液罐上的通气孔被堵塞造成罐内真空	(3)除堵物
	(4)泡沫液桶上的充气嘴未打开造成桶内真空	(4)打开充气接嘴
	(5)吸取泡沫液的管路系统阀门未开或杂物堵塞	(5)打开泡沫液管路系统的阀门，清除堵物
	(6)吸液管接口没有拧紧或橡胶垫片损坏、脱落	(6)拧紧吸液管接口或配上新的橡胶垫片
	(7)吸注入管插入端露出液面	(7)将吸注入管端插入液下
2. 喷射出的空气泡沫质量异常	(1)空气泡沫比例混合器的吸液量与泡沫枪或泡的标定值不配	(1)按标定值旋转混合器阀芯，调整吸液量
	(2)泡沫枪或炮的吸气被堵塞，吸气不足	(2)清除堵物
	(3)发泡网损坏	(3)调整发泡网
	(4)泡沫液变质	(4)调用符合标准的泡沫液

对于消防车辆、消防船艇、机动泵、通信设备和防毒面具等重要器材装备，应固定专人负责管理；对使用情况、机械故障、维修保养、性能变化、主要问题、报废日期等，进行详细登记，以便综合研究，不断改进管理、保养工作。

三、干粉消防车常见故障和排除方法

干粉消防车常见故障和排除方法见表2-8。

表2-8 干粉消防车常见故障和排除方法

故障	产生原因	排除方法
1. 压力容器或管路泄漏	(1)密封处紧固件松动 (2)密封件损坏 (3)其他零件损坏	(1)紧固密封处的紧固件 (2)更换密封件 (3)修补或更换已损零件
2. 阀门开启力过大	(1)调整不当 (2)有异物堵塞 (3)严重锈蚀 (4)润滑不良 (5)密封件老化	(1)重新调整 (2)清除异物 (3)清理或更换零部件 (4)按规定添加润滑剂 (5)更换密封件
3. 各充气阀门过气能力过大	(1)调整不当 (2)零部件损坏 (3)调整不当 (4)零部件损坏 (5)异物堵塞	(1)重新调整 (2)更换零部件 (3)重新调整 (4)更换零部件 (5)清除异物
4. 干粉罐充气压力太高	(1)减压阀或衡压阀出口压力不当 (2)减压阀或阀内部零部件损坏	(1)重新调整减压阀或阀的出口压力 (2)更换减压阀或阀内部损坏的零部件
5. 滤清器过气力降低	滤芯严重堵塞	清理滤芯
6. 炮或枪喷射强度降低	(1)干粉潮湿板结，散粉不良 (2)出粉球阀有异物堵塞	(1)更换干粉药剂 (2)清除出粉球阀处的异物
7. 燃气发生器自动点火失灵	(1)电线短路 (2)快速插座接触不良，有异物或间隙过大 (3)焊点脱焊 (4)电压不足 (5)电阻过大 (6)零部件损坏	(1)更换电线 (2)清除异物或调整间隙，必要时更换新插座 (3)重新焊牢固 (4)重新充电或更换新电瓶 (5)排除接触不良情况 (6)更换零部件

四、消防车报废条件

凡符合下列条件之一者，应予报废：

(1)经过长期使用，经检修后，在正常路面上行驶，耗油量超过国家定型车出厂标准规定。

(2)累计行驶50000km，使用达到规定年限，且无修复价值。

(3)因为其他原因，使车辆严重损坏，无法修复或一次大修费为新车价格的50%以上的坏车。

(4)车型老旧、使用多年的进口车、国产杂牌车等，已无配件来源。

(5)排污量、噪声超过国家规定标准，又无修复价值。

第三章　油库消防泵房的设备

第一节　油库消防站和消防泵站的设置

一、“油库设计其他相关规范”对消防(泵)站规定摘编

“油库设计其他相关规范”对消防(泵)站规定摘编，见表3-1。

表3-1　“油库设计其他相关规范”对消防(泵)站规定

名称	规定摘编	
1.对消防站的有关规定	(1)设站条件	非商业用大型油库应设消防站
	(2)消防站规模确定	应根据油库的规模、油品火灾危险性、固定消防设施的设置情况，以及消防协作条件等因素确定
	(3)消防站的保护范围内	(1)应满足接到火灾报警后消防车到达地上立式油罐的时间不超过5min (2)应满足接到火灾报警后消防车到达最远着火覆土立式油罐和储油洞库口部的时间不宜超过10min
	(4)消防站的位置	(1)应便于消防车迅速通达油品装卸作业区和储油区 (2)应避开可能遭受油品火灾危及人流较多的场所
	(5)消防站组成	一般由消防车库、值班室、办公室、值勤宿舍、器材库、室外训练场等必要的设施组成
	(6)消防站应设的设备	(1)消防车库和值班室必须设置警铃 (2)宜在车库前的场地一侧安装车辆出动的警灯和警铃 (3)值班室、车库、值勤宿舍及通往车库走道等处应设应急照明装置

续表

名称	规定摘编	
1.对消防站的有关规定	(7)场门要求	车库前的场地及大门应满足消防车辆的出入要求
	(8)合并设置	站内的消防通信设备宜与消防值班室合并设置
	(9)报警设施设备	(1)非商业用大型油库必须设置火灾报警系统 (2)消防值班室、行政管理区，应设接受和显示各区域发生火灾报警设施 (3)分库或保管队，应设本管理区域的火灾报警设施 (4)消防值班室应设专用火灾受警电话 (5)消防值班室与油库总值班室和消防泵房之间，以及与油库联防单位的消防站之间，均应设置直通电话 (6)储油区和油品收发区的值班室，应设火灾报警电话 (7)警卫哨所，应设火灾报警装置
2.对消防泵站的规定	(1)消防泵站的位置	(1)宜靠近消防水池设置，不应设置在可能遭受油品火灾危及的地方 (2)应在接到火灾报警后5min内能对着火的地上立式油罐进行冷却，10min内能对覆土立式油罐和储油洞库口部提供消防用水
	(2)动力源	消防泵站采用内燃机作为动力源时，内燃机的油料储备量应能满足机组连续运转6h
	(3)备用泵的设置	(1)消防水泵、泡沫混合液泵，应各设一台备用泵 (2)当消防冷却水泵与泡沫混合液泵的输送压力和流量接近时，可共用一台备用泵，但备用泵的工作能力不应小于最大一台工作泵 (3)五级后方油库或消防总用水量不大于25L/s的油库，可不设备用泵
	(4)吸水管道	(1)同时工作的消防泵组不少于两台时，其泵组的吸水管道不应少于两条 (2)当其中一条吸水管道检修时，其余吸水管道应能通过全部消防用水量
	(5)出水管道	消防泵的出水管道应有防超压措施

二、消防(泵)站动力供应与消防泵吸、出水管布置要求

动力供应与消防泵吸、出水管布置要求，见表3-2。

表3-2 动力供应与消防泵吸、出水管布置要求

项目	布置要求
1. 动力供应	(1)消防泵房应设置备用动力 (2)当具有双电源或双回路供电时，泡沫泵和水泵均可选用电动泵 (3)当采用双电源或双回路供电有困难或不经济时，泡沫泵和水泵均应选用发动机泵
2. 吸水管布置要求	(1)一组消防水泵的吸水管不应少于两条，当其中一条损坏时，其余的吸水管仍能通过全部用水量 (2)高压或临时高压消防给水系统，其每台消防泵(包括工作水泵和备用泵)应有独立的吸水管，从消防水池直接取水，保障供应火场用水 (3)当泵轴标高低于水源(或吸水井)的水位时，为自灌式引水。当用自灌式引水时，在水泵吸水管上应设阀门，以便于检查 (4)为了不使吸水管内积聚空气，吸水管应有向水泵渐渐上升坡度，一般采用≥0.5%坡度 (5)吸水管与泵连接，应不使吸水管内积聚空气 (6)吸水管在吸水井内(或池内)与井壁、井底应保持一定距离 (7)管径 ①吸水管直径一般应大于水泵进口直径 ②计算吸水管直径时，流速一般用右列数值 (a)当直径<250mm时，为1.0~1.2m/s (b)当直径≥250mm时，为1.2~1.6m/s
3. 出水管布置要求	(1)为保证环状管网有可靠的水源，当消防水泵出水管与环状管网连接时，其出水管不应少于两条。当其中一条出水管检修时，其余的出水管应仍能供应全部用水量 (2)设阀门 ①消防水泵的出水管上应设置单向阀 ②同时为使水泵机件润滑，启动迅速，在水泵的出水管上应设检查和试验用的放水阀门

第二节　消防(泵)站内的设备

一、泡沫液储罐

泡沫液储罐的种类及安装要求见表3-3。

表3-3　泡沫液储罐的种类及安装要求

项　目	要　求	
1. 储罐种类、附件及要求	(1)储罐种类选择	(1)采用负压比例混合器、平衡等压比例混合器的泡沫液储罐应选常压罐 (2)采用压力比例混合器的应选压力罐
	(2)附件	储罐应有进气阀、人孔、出液阀、排污阀、注液口等附件
	(3)要求	储罐除了强度要求外，其内壁必须考虑防腐蚀措施
2. 常压罐要求	(1)进液阀要求	(1)常压罐的进液阀为了保证泡沫液罐储存质量，平时应关闭，但灭火时必须打开，因此该阀如采用手动，其安装位置必须便于操作 (2)如果采用自动开关阀可采用天津生产的XQ741F－DG50型液动球阀，该阀当输送泡沫混合液时，由于泵的出口压力自动顶开，当停泵后阀门自动关闭
	(2)注入泡沫液方法	向泡沫液储罐注入泡沫液可从排污阀用泵压入，也可从人孔倒入
	(3)出液管要求	出液管上应设球阀、单向阀及环泵式负压比例混合器及真空表
3. 压力罐要求	(1)压力储罐一般为立式，其高度较高，因此所有阀门必须安装在便于操作的位置 (2)压力罐内装有胶囊时，罐的上部、下部各装设有出液阀，以免被胶囊堵死 (3)泡沫液可用泵从注液口压入 (4)压力水可从排出管排出	

二、消防泵(包括车用消防泵)

(一)消防泵的各种试验方法及规定

1. 消防泵的性能试验

(1)通过性能试验确定泵的压力、转速与流量之间的关系。试验应从功率最小的工况开始顺次进行。

(2)试验应有足够的持续时间，以获得一致的结果和达到预期的试验精度。每测一个流量点应有一定的时间间隔，并应同时测量流量、压力和转速。车用消防泵试验结果应符合表3-4的规定，泵组试验结果应符合表3-5的规定。

表3-4 车用消防泵试验工况

名称		额定工况
低压	额定流量/(L/s)	20.0，25.0，30.0，35.0，40.0，45.0，50.0，55.0，60.0，65.0，70.0，80.0，85.0，90.0，100.0
	额定压力/MPa	≤1.3
中压	额定流量/(L/s)	20.0，25.0，30.0，35.0，40.0，45.0，50.0，55.0，60.0，65.0，70.0，80.0
	额定压力/MPa	1.4~2.5
高压	额定流量/(L/s)	4.0，5.0，6.0，7.0，8.0，9.0，10.0
	额定压力/MPa	≥3.5
吸深/m		3.0

表3-5 泵组试验工况

名称	额定工况
额定流量/(L/s)	5，10，15，20，25，30，35，40，45，50，55，60，65，70，75，80，85，90，95，100，105，110，115，120，125，130，140，150，160，180，200
额定压力/MPa	0.3
吸深/m	7.0

2. 消防车泵试验技术要求

消防车泵试验技术要求见表3-6。

表3-6　消防车泵试验技术要求

消防车类型	工况	技术要求
低压车用消防泵	工况1	在吸深3m时，应满足额定流量(Q_n)和额定压力(P_n)的要求
	工况2	在吸深3m时，流量为$0.7Q_n$，工作压力应不小于$1.3P_n$
	工况3	在吸深7m时，流量为$0.5Q_n$，工作压力应不小于$1.0P_n$
中压车用消防泵	工况1	在吸深3m时，应满足额定流量(Q_n)和额定压力(P_n)的要求
	工况2	在吸深3 时，流量为Q_n，工作压力不小于$1.0P_n$
高压车用消防泵	工况1	在吸深3m时，应满足额定流量(Q_n)和额定压力(P_n)的要求
	工况2	在吸深7m时，流量为$0.5Q_n$，工作压力应不小于$1.0P_n$
中低压车用消防泵	工况1	在吸深3m时，应满足低压额定流量(Q_n)和额定压力(P_n)的要求
	工况2	在吸深3m时，流量为$0.5Q_n$，工作压力应不小于$1.0P_n$
	工况3	在吸深7m时，流量为$0.5Q_n$，工作压力应不小于$1.0P_n$
	中低压车用消防泵应有中低压联用工况，具有中压功能的高低压车用消防泵除外	
高低压车用消防泵	工况1	在吸深3m时，应满足低压额定流量(Q_n)和额定压力(P_n)的要求
	工况2	在吸深3m时，应满足高压额定流量(Q_n)和额定压力(P_n)的要求
	工况3	在吸深7m时，流量为$0.5Q_n$，工作压力应不小于$1.0P_n$
	高低压车用消防泵应有高低压联用工况	
电动机消防泵组	发动机消防泵组则应同时符合下述工况1与工况2的规定	
	工况1	在吸深0m时，应满足额定流量和额定压力的要求
	工况2	在吸深6m时，压力为额定压力，流量应不小于额定流量的50%

3. 消防泵的运转试验

(1)低压车用泵和发动机泵组在工况1下运转2h，在工况2下运转2h，整个运转不应间断。

(2)中低压泵在低压工况下运转2h，在中压工况及联用工况下各运转1h，整个运转不应间断。

(3)高低压泵在低压工况下运转2h，在高压工况及联用工况下各运转1h，整个运转不应间断。

(4)除上述以外的泵及电动机泵组在额定工况下运转4h。

(5)在泵进行运转试验时，应检查轴承的温升。从泵启动起，每隔15min测量一次轴承座外表的温度，直至连续三次测得的值相同为止；同时还应测量泵的流量、出口压力及转速。试验结果应符合以下规定：

①泵的出口压力不应低于额定出口压力，流量应符合额定流量的要求。

②轴承座外表面温度不应超过75℃，温升不应超过35℃。

③轴封处密封良好，无线状泄漏现象。对于填料密封允许调整。

④泵的振动应符合规定。

4. 密封试验

堵塞泵的进口，关闭出口阀，逐步对泵加压至最大压力的1.1倍，在此压力下保持时间不少于5min。也可依靠泵本身产生的压力使其达到最大工作压力的1.1倍，持续时间5min。试验中泵壳不应有渗漏、冒汗等缺陷。

5. 水压试验。

堵塞泵的过流部件的所有开口，逐步对泵部件加压至最大工作压力的1.5倍，在此压力下持续5min。试验中泵壳不应有影响性能的变形和裂纹等缺陷。

6. 真空密封试验。

(1)试验时，泵接上标准吸水管。吸水管长度应符合表3-7的规定。

表3-7　吸水管长度

吸深/m	3	6	7
吸水管长度/m	≥5	≥8	≥9

(2)将泵及吸水管中的余水放尽，封闭吸水管进口，使其不漏气；关闭出水阀，用引水装置排除泵和吸水管内的空气至最大真空度，立即关闭引水装置，测定1min内真空度下降值不应大于2.6kPa。

7. 引水装置连续运转试验

在引水装置进口安装0.4级的真空表，将润滑液供液阀调至正常供液位置，调节转速，使真空度达到规定值，用容积法测得润滑液的流量。每隔5min观察并记录真空度、润滑液流量、轴承和轴封处壳体及装置外壳中部的温度。试验结果应符合以下规定：

(1)泵组引水装置的最大真空度不应小于80kPa。用于车用泵的引水装置的最大真空度不应小于85kPa。

(2)引水时间应符合表3-8的规定。表中所规定的额定流量对于中低压。高低压车用消防泵，是指低压额定流量。

表3-8 引水时间

额定流量/(L/s)	$Q_n < 50$	$50 \leq Q_n < 80$	$Q_n \leq 80$
引水时间/s	≤35	≤50	≤80

(3)引水装置(水环泵除外)应连续运转30min无故障。

(4)采用泵出口压力水作为引水装置的脱离压力源时，其脱离压力不应大于0.25MPa。

(5)引水装置的结构应便于维修。

8. 超负荷试验

泵组的吸深在3m时，调节发动机的油门和泵的出口阀，使得泵的流量保持在额定流量，泵的压力保持在额定压力的1.1倍，连续运转10min。试验过程中，泵组应工作正常，无过度振动、漏油、漏水等现象。

9. 发动机常温启动试验

启动试验的环境温度在常温(5～35℃)状态下，按发动机的操作规程进行，启动时间从按下启动按钮起至发动机能保持怠速时释放按钮止。待发动机转速稳定后，迅速调节油门和泵的出口阀，使泵尽快达到额定工况，记录发动机增速起至泵达到额定工况止的时间。试验完成后停机，间隔2min后再进行第二次启动。试验三次中至少两次应保证5s内顺利启动。引上水后20s内，应能使消防泵达到额定工况。

(二)消防泵验收

(1)试运转状况良好，满足油库消防的需要。

(2)达到《石油库设备完好标准》规定。

(3)提交检查、修理及试运转记录，按规定办理验收手续。

(三)消防泵报废条件。

符合下列条件之一即可报废：

(1)国家限期更新或淘汰的产品。

(2)经过大修后期技术性能仍达不到实际需要。

(3)大修费用超过设备原值的50%以上。

三、泡沫液混合器

(一)规范规定

GB 50074—2014《石油库设计规范》规定："泡沫混合装置宜采用平衡比例泡沫混合或压力比例泡沫混合等流程。"

据本规范条文说明，我国20世纪90年代以前设计的石油库，对泡沫灭火系统常采用环泵式泡沫比例混合流程，它本身具有一些缺点，如系统要求严格、不容易实现自动化，最大的问题是由于管网的压力、流量变化、取水水池的水位变化，使需要的混合比难以得到保证。而平衡比例混合和压力比例混合流程可以适应几何高差、压力、流量的变化，输送混合液的混合比比较稳定。所以本规范推荐采用平衡比例混合或压力比例混合流程。

压力比例泡沫混合装置操作简单，泵可以采用高位自灌启动，泵发生事故不能运转时，也可靠外来消防车送入消防水为泡沫混合装置提供水源产生合格的泡沫混合液，提高了泡沫系统消防的可靠性。

(二)泡沫比例混合器的选择及安装要求

油库应按 GB 50074—2014《石油库设计规范》的规定，选择平衡比例泡沫混合或压力比例泡沫混合等流程。这里以压力比例泡沫混合器为例予以介绍，平衡式等压比例混合器，目前国内尚未普遍采用，不再介绍。

压力比例混合器，其流程见图 3-1，由于中倍数泡沫液的混合比例为8%，因此可采用 PHY 型，压力比例混合器适用于单罐容量相接近的油库。武汉消防器材厂生产的固定式压力比例混合器有 PHY-10 型、PHY-20 型、PHY-30 型三种规格，另有 PHYT-6 型手推式压力比例混合器。

我国油库中过去常用的 PH 系列环泵式负压比例混合器，其安装流程见图 3-2，其规格有 PH-32、PH48、PH64 三种，现在不推荐采用。

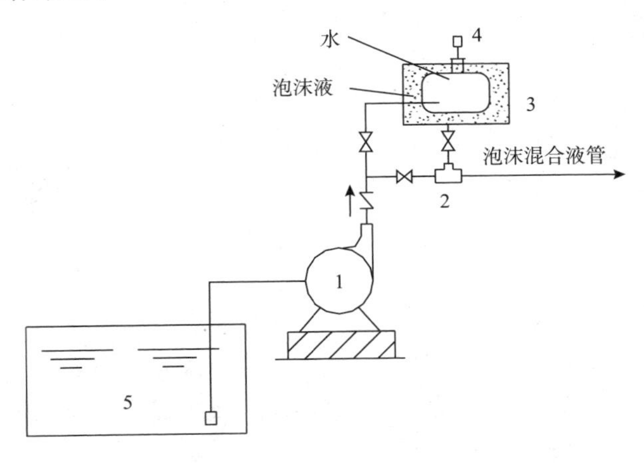

图 3-1　压力比例混合器流程

1—水泵；2—压力比例混合器；

3—泡沫液压力罐；4—安全阀；5—水池

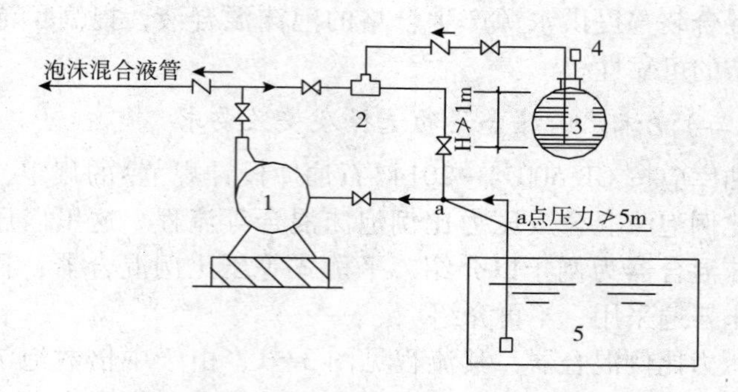

图 3-2　环泵式负压比例混合器流程

1—水泵；2—负压比例混合器；

3—泡沫液罐；4—呼吸阀；5—水池

第四章　油库消防设施

第一节　消防水池(罐)

一、油库消防水池(罐)的作用

油库消防水池(罐)是储备油库消防用水的设施(设备)，是保证有可靠消防水量的大容器。油库消防水是油库消防重要的物质保证，配制灭火泡沫需要水，冷却油罐需要水，扑灭油火以外的火也用水。要保证充足的消防水量，除了选择可靠的消防水源外，就是建好消防水池(罐)，按规定储备充足的消防水量。

另外有的消防水池(罐)还可供生活用水，当然首先应保证消防用水。

二、对油库消防水池(罐)的要求

油库消防水池的要求见表4-1。

表4-1　油库消防水池要求

项　目	技术要求参数
1. 消防水池的容量分隔	消防水池总容量大于 $1000m^3$ 时，应分隔为两个池。并应用带阀门的连通管连通
2. 消防水池补水时间	消防水池补水时间不应超过96h

续表

<table>
<tr><th colspan="3">项　目</th><th>技术要求参数</th></tr>
<tr><td rowspan="4">3. 供移动消防泵或消防车直接取水的消防水池</td><td colspan="2">保护半径</td><td>不应大于150m，并应设取水口或取水井</td></tr>
<tr><td rowspan="3">取水口或取水井与被保护建筑物的外墙（或罐壁）距离</td><td>低层建筑</td><td>不宜小于15m</td></tr>
<tr><td>高层建筑</td><td>不宜小于5m</td></tr>
<tr><td>甲、乙、丙类液体储罐</td><td>不宜小于40m，不宜大于100m</td></tr>
<tr><td colspan="3">4. 消防水池的底标高确定</td><td>消防水池应保证移动消防泵或消防车的吸水高度不超过6m</td></tr>
<tr><td>5. 其他要求</td><td colspan="3">（1）消防水池宜设在利用势能压力满足低压供水要求的部位
（2）消防水池（箱）距消防泵站较远时，消防水池（箱）应设液位自动检测装置，并在消防泵站显示与报警
（3）寒冷地区的消防水池应有防冻措施</td></tr>
</table>

第二节　消防给水管网

一、GB 50074—2014《石油库设计规范》的要求及解读

（1）GB 50074—2014 要求：“一、二、三、四级石油库应设独立消防给水系统。”

据本规范条文说明，要求一、二、三、四级石油库的消防给水系统与生产、生活给水系统分开设置的理由如下：

①一、二、三、四级石油库的储罐多为地上立式储罐，消防用水量较大且不常使用，消防与生产、生活给水合用一条管道，平时只供生产、生活用水，会造成大管道输送很小的流量，水质易变坏。

②石油库的消防给水对水质无特殊要求，一般的江、河、池塘水都能满足要求，而生活给水对水质要求严格，用量较少，

两者合用势必要按生活水质要求选择水源，很多地方很难具备这样的水质、水量条件。

③石油库的消防给水要求压力较大，而生产、生活给水压力较低，两者合用一条管道，对生产、生活给水来说，不仅需要采取降压措施，而且合用部分的管道尚需按满足消防管道的压力进行设计，很不经济。

(2)GB 50074—2014 要求:“五级石油库的消防给水可与生产、生活给水系统合并设置。”

因为五级石油库一般靠近城镇，消防用水量较小，城镇给水管网既是油库的水源，又是石油库的消防备用水管网，所以规定五级石油库的消防、生产、生活给水管道可合用一个系统。

(3)GB 50074—2014 要求：“当石油库采用高压消防给水系统时，给水压力不应小于在达到设计消防水量时最不利点灭火所需要的压力；当石油库采用低压消防给水系统时，应保证每个消火栓出口处在达到设计消防水量时，给水压力不应小于 0.15MPa。”

因为石油库高压消防给水系统的压力是根据最不利点的保护对象及消防给水设备的类型等因素确定的，当采用移动式水枪冷却储罐时，则消防给水管道最不利点的压力是根据系统达到设计消防水量时，由储罐高度、水枪喷嘴处所要求的压力及水带压力损失综合确定的。

石油库低压消防给水系统主要用于为消防车供水。消防车从消火栓取水有两种方式，一种是用水带从消火栓向消防车的水罐里注水；另一种是消防车的水泵吸水管直接接在消火栓上吸水(包括手抬机动泵从管网上取水)。前一种取水方式较为普遍，消火栓出水量最少为 10L/s。直径为 65mm、长度为 20m 的帆布水带，在流量为 10L/s 时的压力损失为 8.6m，旧规范 1984 年版规定消火栓最低压力为 0.1MPa，消防车实际操作供水不畅，故 2002 年版修订就改为应保证每个消火栓的给水压力不小于 0.15MPa。GB 50074—2014 与 2002 年版保持一致。

（4）GB 50074—2014 要求："消防给水系统应保持充水状态。严寒地区的消防给水管道，冬季可不充水。"

因为消防给水系统应保持充水状态，是为了减少消防水到火场的时间。石油库消防给水系统最好维持在低压状态，以便发生小规模火灾时能随时取水。

冬季气温低，着火几率相对小一点，在严寒地区水管容易冻，所以允许不充水。此条与2002年版规范完全相同。

（5）GB 50074—2014 要求："一、二、三级石油库地上储罐区的消防给水管道应环状敷设；覆土油罐区和四、五级石油库储罐区的消防给水管道可枝状敷设；山区石油库的单罐容量小于或等于5000m^3且储罐单排布置的储罐区，其消防给水管道可枝状敷设。一、二、三级石油库地上储罐区的消防水环形管道的进水管道不应少于2条，每条管道应能通过全部消防用水量。"

储罐区的消防给水管道应采用环状敷设，主要考虑储罐区是油库的防火重点，环状管网可以从两侧向用水点供水，较为可靠。进水管道要求不应少于2条，即为了保证两侧向环形管网供水。

覆土油罐区相对安全；四、五级石油库储罐容量较小，一般靠近城镇，石油库区面积不大，发生火灾时影响范围亦较小，所以规定消防给水管道可枝状敷设。

建在山区或丘陵地带的石油库，地形复杂，环状敷设管网比较困难，因此"新规范"规定：山区石油库的单罐容量小于或等于5000m^3、且储罐单排布置的储罐区，其消防给水管道可枝状敷设。

（6）GB 50074—2014 要求："储罐的消防冷却水供应范围，应符合下列规定：

①着火的地上固定顶储罐以及距该储罐罐壁不大于1.5D（D为着火储罐直径）范围内相邻的地上储罐，均应冷却。当相邻的地上储罐超过3座时，可按其中较大的3座相邻储罐计算冷却

水量。

②着火的外浮顶、内浮顶储罐应冷却，其相邻储罐可不冷却。当着火的内浮顶储罐浮盘用易熔材料制作时，其相邻储罐也应冷却。

③着火的地上卧式储罐应冷却，距着火罐直径与长度之和1/2 范围内的相邻罐也应冷却。

④着火的覆土储罐及其相邻的覆土储罐可不冷却，但应考虑灭火时的保护用水量(指人身掩护和冷却地面及储罐附件的水量)。”

据 GB 50074—2014 条文说明，地上固定顶着火储罐的罐壁直接接触火焰，需要在短时间内加以冷却。为了保护罐体，控制火灾蔓延，减少辐射热影响，保障邻近罐的安全，地上固定顶着火储罐应进行冷却。

关于固定顶储罐着火时，相邻储罐冷却范围的规定依据是：

①天津消防研究所 1974 年对 5000m^3 汽储罐低液面敞口储罐着火后的辐射热进行的测定。1976 年又对 5000m^3 汽储罐进行的氟蛋白泡沫液下喷射灭火试验。

由上述测定与试验可知，在距着火储罐罐壁 1.5D 范围内，火焰辐射热强度是比较大的。为确保相邻储罐的安全，应对距着火储罐罐壁 1.5D 范围内的相邻储罐予以冷却。

②在火场上，着火储罐下风向的相邻储罐接受辐射热最大，其次是侧风向、上风向最小，所以本条规定当冷却范围内的储罐超过 3 座时，按 3 座较大相邻储罐计算冷却水量。

浮顶储罐、采用钢制浮顶的内浮顶储罐着火时，基本上只在浮盘周边燃烧，火势较小，故本款规定着火的外浮顶储罐、内浮顶储罐的相邻储罐可不冷却。

卧式罐是圆筒形结构的常压罐，结构稳定性好，发生火灾一般在罐人孔口燃烧，根据规范组调查资料，火灾容易扑救。一般用石棉被就能扑灭发生的火灾，在有流淌火灾时，仍需考虑着火罐和邻近罐的冷却水量。

覆土储罐都是地下隐蔽罐，覆土厚度至少有0.5m，着火的和相邻的覆土储罐可均不冷却。但火灾时，辐射热较强，四周地面温度较高，消防人员必须在喷雾(开花)水枪掩护下进行灭火。故应考虑灭火时的人身掩护和冷却四周地面及储罐附件的用水量。

(7) GB 50074—2014 要求："储罐的消防冷却水供水范围和供给强度应符合下列规定：

①地上立式储罐消防冷却水供水范围和供给强度不应小于表4-2的规定。

表4-2　地上立式储罐消防冷却水供水范围和供给强度

储罐及消防冷却型式			供水范围	供给强度	附注
移动式水枪冷却	着火罐	固定顶罐	罐周全长	0.6(0.8)L/(s·m)	—
		外浮顶罐 内浮顶罐	罐周全长	0.45(0.6)L/(s·m)	浮顶用易熔材料制作的内浮顶罐按固定顶罐计算
	相邻罐	不保温	罐周半长	0.35(0.5)L/(s·m)	—
		保温		0.2L/(s·m)	
固定式冷却	着火罐	固定顶罐	罐壁外表面积	2.5L/(min·m²)	—
		外浮顶罐 内浮顶罐	罐壁外表面积	2.0L/(min·m²)	浮顶用易熔材料制作的内浮顶罐按固定顶罐计算
	相邻罐		罐壁外表面积的一半	2.0L/(min·m²)	按实际冷却面积计算，但不得小于罐壁表面积的1/2

注：①移动式水枪冷却栏中，供给强度是按使用 φ16mm 中径水枪确定的，括号内数据为使用 φ19mm 口径水枪时的数据。

②着火罐单支水枪保护范围：φ16mm 口径为8～10m，φ19mm 口径为9～11m；邻近罐单支水枪保护范围：φ16mm 口径为14～20m，φ19mm 口径为15～25m。

②覆土立式储罐的保护用水供给强度不应小于0.3L/s·m，用水量计算长度应为最大储罐的周长。当计算用水量小于15L/s时，应按不小于15L/s计。

③着火的地上卧式储罐的消防冷却水供给强度不应小于 6L/min · m²，其相邻储罐的消防冷却水供给强度不应小于 3L/min · m²。冷却面积应按储罐投影面积计算。

④覆土卧式储罐的保护用水供给强度，应按同时使用不少于两支移动水枪计，且不小于 15L/s。

⑤储罐的消防冷却水供给强度应根据设计所选用的设备进行校核”。

表 4-2 地上立式储罐消防冷却水供应范围和供应强度，旧规范 2002 年版与 GB 50074—2014 完全一致。根据 GB 50074—2014 的条文说明，储罐的消防冷却水和保护用水的供给强度规定的依据如下：

①动冷却方式。移动冷却方式采用直流水枪冷却，受风向、消防队员操作水平影响，冷却水不可能完全喷淋到罐壁上。故移动式冷却水供给强度比固定冷却方式大。

a. 固定顶储罐着火时，水枪冷却水供给强度的依据为：

1962 年公安部、石油部、商业部在天津消防研究所进行泡沫灭火试验时，曾对 400m³ 固定顶储罐进行了冷却水量的测定。第一次试验结果为罐壁周长耗水量为 0.635L/s · m，未发现罐壁有冷却不到的空白点；第二次试验结果为罐壁周长耗水量为 0.478L/s · m，发现罐壁有冷却不到的空白点，感到水量不足。

试验组根据两次测定，建议用 ϕ16mm 水枪冷却时，冷却水供给强度不应小于 0.6L/s · m；用 ϕ19mm 水枪冷却时，冷却水供给强度不应小于 0.8L/s · m。

b. 浮顶储罐、内浮顶储罐着火时，火势不大，且不是罐壁四周都着火，冷却水供给强度可小些。故规定用 ϕ16mm 水枪冷却时，冷却水供给强度不应小于 0.45L/s · m；用 ϕ19mm 水枪冷却时，冷却水供给强度不应小于 0.6L/s · m。

c. 着火储罐的相邻不保温储罐水枪冷却水供给强度的依据为：

据《5000m³ 汽储罐氟蛋白泡沫液下喷射灭火系统试验报告》

介绍，距着火储罐壁0.5倍着火储罐直径处辐射热强度绝对最大值为85829kJ/m²·h。在这种辐射热强度下，相邻的储罐会挥发出来大量油气，有可能被引燃。因此，相邻储罐需要冷却罐壁和呼吸阀、量油孔所在的罐顶部位。

相邻储罐的冷却水供给强度，没有做过试验，是根据测定的辐射热强度进行推算确定的：

条件为实测辐射热强度85829kJ/m²·h，用20℃水冷却时，水的汽化率按50%计算（考虑储罐在着火储罐辐射热影响下，有时会超过100℃也有不超过100℃的）；20℃的水50%水汽化时吸收的热量为1465kJ/L。

按此条件计算冷却水供给强度为：$q = 20500 \div 350 \div 60 = 0.98$L/min·m²。

按罐壁周长计算的冷却水供给强度为0.177L/s·m。考虑各种不利因素和富余量，故推荐冷却水供给强度：ϕ16mm水枪不小于0.35L/s·m；ϕ19mm水枪不小于0.5L/s·m。

d. 着火储罐的相邻储罐如为保温储罐，保温层有隔热作用，冷却水供给强度可适当减小。

e. 地上卧式储罐的冷却水供给强度是和相关规范协调后制定的。

②固定冷却方式。固定冷却方式冷却水供给强度是根据过去天津消防科研所在5000m³固定顶储罐所做灭火试验得出的数据反算推出的。试验中冷却水供给强度以周长计算为0.5L/s·m，此时单位罐壁表面积的冷却水供给强度为2.3L/min·m²，条文中取2.5L/min·m²，试验表明这一冷却水供给强度可以保证罐壁在火灾中不变形。对相邻储罐计算出来的冷却水供给强度为0.92L/min·m²，由于冷却水喷头的工作压力不能低于0.1MPa，按此压力计算出来的冷却水供给强度接近2.0L/min·m²，故GB 50074—2014规定邻近罐冷却水供给强度为2.0L/min·m²。

在设计时，为节省水量，可将固定冷却环管分成两个圆弧形管或四个圆弧形管。着火时由阀门控制罐的冷却范围，对着火储罐整圈圆形喷淋管全开，而相邻储罐仅开靠近着火储罐的一个圆弧形喷水管或两个圆弧形喷淋管，这样虽增加阀门，但设计用水量可大大减少。

③移动式冷却选用水枪要注意的问题。本条规定的移动式冷却水供给强度是根据试验数据和理论计算再附加一个安全系数得出的。设计时，还应根据我国当前可供使用的消防设备(按水枪、水喷淋头的实际数量和水量)，加以复核。

表4-2注中的水枪保护范围是按水枪压力为0.35MPa确定的，在此压力下ϕ16mm水枪的流量为5.3L/s，ϕ19mm水枪的流量为7.5L/s。若实际设计水枪压力与0.35MPa相差较大，水枪保护范围需做适当调整。计算水枪数量时，不保温相邻储罐水枪保护范围用低值，保温相邻储罐水枪保护范围用高值，并与规定的冷却水强度计算的水量进行比较，复核水枪数量。

(8)GB 50074—2014要求：“单股道铁路罐车装卸设施的消防水量不应小于30L/s；双股道铁路罐车装卸设施的消防水量不应小于60L/s。汽车罐车装卸设施的消防水量不应小于30L/s；当汽车装卸车位不超过2个时，消防水量可按15L/s设计。”

在旧规范1984年和2002年的版本中无这一条，在GB 50074—2014中增加了本条内容，对铁路和公路罐车装卸设施的消防水量给出具体数据，使设计有据可循。

(9)GB 50074—2014要求：“地上立式储罐采用固定消防冷却方式时，其冷却水管的安装应符合下列规定：

①储罐抗风圈或加强圈不具备冷却水导流功能时，其下面应设冷却喷水环管。

②冷却喷水环管上应设置水幕式喷头，喷头布置间距不宜大于2m，喷头的出水压力不应小于0.1MPa。

③储罐冷却水的进水立管下端应设清扫口。清扫口下端应高于储罐基础顶面不小于0.3m。

④消防冷却水管道上应设控制阀和放空阀。消防冷却水以地面水为水源时，消防冷却水管道上宜设置过滤器”。

根据 GB 50074—2014 条文说明，对本条各款规定说明如下：

①储罐抗风圈或加强圈若没有设置导流设施，冷却水便不能均匀地覆盖整个罐壁，所以要求其下面设冷却喷水环管。

②国内的固定喷淋方式的罐上环管，以前都是采用穿孔管，穿孔管易锈蚀堵塞，达不到应有的效果。水幕式喷头一般是用耐腐蚀材料制作的，喷射均匀，且能方便地拆下检修，所以 GB 50074—2014 推荐采用水幕式喷头。

③设置锈渣清扫口、控制阀、放空阀，是为了清扫管道和定期检查。在用地面水作为水源时，因水质变化较大，管道最好加设过滤器，以免杂质堵塞喷头。

本条规定，旧规范 2002 年版与 GB 50074—2014 基本相同，旧规范仅指出“放空阀宜设在防火堤外”。

(10) GB 50074—2014 要求：“消防冷却水最小供给时间应符合下列规定：

①直径大于 20m 的地上固定顶储罐和直径大于 20m 的浮盘用易熔材料制作的内浮顶储罐不应少于 9h，其他地上立式储罐不应少于 6h。

②覆土立式油罐不应少于 4h。

③卧式储罐、铁路罐车和汽车罐车装卸设施不应少于 2h”。

根据 GB 50074—2014 条文说明，关于冷却水供给时间的确定，说明如下：

储罐冷却水供给时间系指从储罐着火开始进行冷却，直至储罐火焰被扑灭，并使储罐罐壁的温度下降到不致引起复燃为止的一段时间。一般来说，储罐直径越小，火场组织简单，扑灭时间短，相应的冷却时间也短。

二、“油库设计其他相关规范”的要求

“油库设计其他相关规范”的要求见表 4-3。

表 4-3 “油库设计其他相关规范”的要求

<table>
<tr><th colspan="3">项 目</th><th>要 求</th></tr>
<tr><td colspan="3">1. 采用移动式消防水枪冷却方式</td><td>宜用 19mm 口径的消防水枪。每支消防水枪的充实水柱长度不应小于 15m</td></tr>
<tr><td rowspan="6">2. 消防给水管道的设置</td><td rowspan="2">管网形式</td><td>油罐区</td><td>消防给水管道宜采用环状管网</td></tr>
<tr><td>山区油罐区</td><td>山区采用环状管网布置有困难的，可采用枝状管网，但总容量≥10000m³ 的地上油罐区，其消防给水管道应采用环状管网</td></tr>
<tr><td colspan="2">向环状管网输水的供水干管</td><td>不得少于两条，当其中一条发生故障时，其余供水干管应能通过全部消防用水量</td></tr>
<tr><td colspan="2">环状管网的阀门设置</td><td>应采用阀门分成若干独立段，每段内的消火栓数不宜超过 5 个</td></tr>
<tr><td colspan="2">消防给水管道的敷设</td><td>宜埋地敷设，埋设深度宜在冻土线以下，且不应小于 0.5m</td></tr>
<tr><td colspan="2">消防给水管道材质</td><td>消防管道应采用钢管或给水铸铁管</td></tr>
<tr><td rowspan="7">3. 储油区和作业区的消火栓设置</td><td colspan="2">地上油罐区采用固定消防冷却水系统消火栓间距</td><td>不应大于 60m</td></tr>
<tr><td rowspan="2">消火栓保护半径</td><td>扑救油品场所火灾</td><td>不宜大于 80m</td></tr>
<tr><td>扑救非油品场所火灾</td><td>不应大于 120m</td></tr>
<tr><td colspan="2">消火栓的数量</td><td>应按其保护半径、灭火场所所需的用水量及消防水枪数进行确定。距着火油罐罐壁 15m 内的消火栓，不应计算在该罐的数量内</td></tr>
<tr><td rowspan="2">消火栓出水量</td><td>高压消防给水管道</td><td>应根据管道内的水压及消火栓出口要求的水压经计算确定</td></tr>
<tr><td>低压消防给水管道</td><td>公称直径为 100mm、150mm 的消火栓出水量，可分别取 15L/s、30L/s</td></tr>
<tr><td colspan="2">消火栓的其他保护范围</td><td>距储油洞库洞口 20m 范围内的植被；距地上油罐防火堤、覆土立式油罐及铁路油品装卸作用线等油品场所 30m 范围内的植被，应列入消火栓的保护范围</td></tr>
</table>

续表

<table>
<tr><th colspan="2">项　目</th><th>要　求</th></tr>
<tr><td rowspan="2">3. 储油区和作业区的消火栓设置</td><td>消火栓设置位置</td><td>消火栓宜沿道路路边设置，与道路路边的距离宜为 2 ~ 5m；与房屋外墙的距离不应小于 5m；与储油洞库洞口和覆土油罐出入通道口的距离不应小于 10m，且不应设在口部可能发生流淌火灾时影响消火栓使用的地方</td></tr>
<tr><td>消火栓其他要求</td><td>消火栓应设控制阀门，并应有防冻和放空措施</td></tr>
<tr><td>4. 给水系统</td><td colspan="2">(1)油库应设独立的消防给水系统
(2)山区等采用独立消防给水系统有困难的油库或区域，可采用消防给水与生活给水的合并系统</td></tr>
</table>

第三节　消防(亭)间

消防(亭)间消防器材的配置标准见表 4-4。

表 4-4　消防(亭)间消防器材的配置标准

<table>
<tr><td colspan="2">1. 应设场所</td><td colspan="5">油库储油区、装卸油作业区、零发油作业区、库房区、辅助作业区等，应在其主要设施附近设置消防间。业务场所集中或相对集中布置时，消防间应统一布置</td></tr>
<tr><td colspan="2">2. 设置位置</td><td colspan="5">消防间应位置适中、特征明显，并便于应急取用器材</td></tr>
<tr><td colspan="7">3. 消防间内消防器材配置参考表</td></tr>
<tr><td>序号</td><td>配置性质</td><td>名称</td><td>型号</td><td>单位</td><td>数量</td><td>备　注</td></tr>
<tr><td>(1)</td><td rowspan="6">必配消防器材</td><td>灭火器</td><td>MF8</td><td>具</td><td>2 ~ 5</td><td></td></tr>
<tr><td>(2)</td><td>消防锹</td><td></td><td>把</td><td>4</td><td></td></tr>
<tr><td>(3)</td><td>消防桶</td><td></td><td>只</td><td>4</td><td></td></tr>
<tr><td>(4)</td><td>消防斧</td><td></td><td>把</td><td>1</td><td></td></tr>
<tr><td>(5)</td><td>挠钩</td><td></td><td>把</td><td>2</td><td></td></tr>
<tr><td>(6)</td><td>水枪</td><td>ϕ19mm</td><td>支</td><td>2</td><td></td></tr>
</table>

续表

序号	配置性质	名称	型号	单位	数量	备　注
(7)	必配消防器材	泡沫管枪	PQ8	支	2	宜选用自吸式
(8)		水带	ϕ65mm	盘	6	宜选用胶衬里水带
(9)		灭火毯		块	2～4	
(10)	选配消防器材	泡沫勾管		支	2～3	地上轻质油品油罐区
(11)		泡沫枪		支	2～3	
(12)		灭火器	MF35	具	1～2	

第四节　油罐组防火堤

油罐组防火堤的设置应遵循《石油库设计规范》(GB 50074—2014)和《储罐区防火堤设计规范》(GB 50351—2005)的规定。

一、《石油库设计规范》(GB 50074—2014)的规定与解读

(1)GB 50074—2014 规定："地上储罐组应设防火堤。防火堤内的有效容量，不应小于罐组内一个最大储罐的容量。"

地上储罐一旦发生爆炸破裂事故，油品会流出储罐外，如果没有防火堤，油品就会到处流淌，如果发生火灾会形成大面积流淌火。为避免此类事故，特规定地上储罐应设防火堤。防火堤内的有效容量的规定，据 GB 50074—2014 条文说明，考虑了下述各种类型储罐漏油的可能性：

①装满半罐以上油品的固定顶储罐如果发生爆炸，大部分只是炸开罐顶。如 1981 年上海某厂一个固定顶储罐在满罐时爆炸，只把罐顶炸开 2m 长的一个裂口。1978 年大连某厂一个固定顶储罐爆炸，也是罐顶被炸开，油品未流出储罐。

②固定顶储罐油位低时发生爆炸，有的将罐底炸裂，如 2008 年内蒙某煤液化厂一个污油储罐发生爆炸起火事故，事故

时罐内油位不到2m，爆炸把罐底撕开两个20～30cm裂口。

③火灾案例显示，内浮顶储罐如果发生爆炸，无论液位高低均只是炸开罐顶。如2009年上海某厂一个5000m^3内浮顶罐发生爆炸时，罐内液位只有5～6m，爆炸把罐顶掀开约1/4，罐底未破裂。2007年镇海某厂一个5000m^3内浮顶罐爆炸，当时罐内液位在2/3高度处，也是罐顶被炸开，罐底未破裂。

④对于浮顶储罐，因为是敞口形式，不易发生整体爆炸。即使爆炸，也只是发生在密封圈局部处，不会炸破储罐下部，所以油品流出储罐的可能性很小。

⑤储罐冒罐或漏失的油量都不会大于一个罐的容量。

⑥为防范罐体在特殊情况下破裂，造成油品全部流出这种极端事故，参照国外标准，本条规定防火堤内有效容量不应小于最大储罐的容量。

(2)GB 50074—2014规定："地上储罐组的防火堤实高应高于计算高度0.2m，防火堤高于堤内设计地坪不应小于1.0m，高于堤外设计地坪或消防车道路面(按较低者计)不应大于3.2m。地上卧式储罐的防火堤应高于堤内设计地坪不小于0.5m。"

按防火堤内规定的有效容积计算而对应的防火堤高度刚好与油罐破裂后油位高相等，没有安全系数，容易使油品蔓溢，故防火堤实际高度应高出计算高度0.2m。考虑防火堤内油品着火时用泡沫枪灭火易冲击造成喷洒，故防火堤最好不低于1m。最低高度限制主要是为了防范泡沫喷洒，故从防火堤内侧设计地坪起算。防火堤的最低限高与2002年、1984年版相同。

为了消防方便，又不应高于3.2m。最高高度的限制主要是为了方便消防操作，故从防火堤外侧地坪或消防道路路面起算。随着消防技术及设备的提高，GB 50074—2014防火堤的最高限高比2002年、1984年版有所提高，由2.2m提高到3.2m。

(3)GB 50074—2014规定："防火堤宜采用土筑防火堤，其堤顶宽度不应小于0.5m。不具备采用土筑防火堤的地区，可选用其他结构形式的防火堤。"

土筑防火堤施工简便、投资省，而且不易被火烧裂。但不美观，占地面积也较大。目前国内用土筑防火堤的还不多。多数用两面砌砖、中间夹土的复合结构。过去有的用石块砌筑，据了解这种材质容易烧裂，应慎重选用。

(4)GB 50074—2014 规定："防火堤应能承受在计算高度范围内所容纳液体的静压力且不应泄漏；防火堤的耐火极限不应低于5.5h。"

据GB 50074—2014 条文说明，本条规定的防火堤耐火极限是考虑了火灾持续时间和设计方便等因素确定的。根据GB 50016—2006《建筑设计防火规范》的有关规定，结构厚度为240mm的普通黏土砖、钢筋混凝土等实体墙的耐火极限即可达到5.5h。防火堤应满足能承受在计算高度范围内所容纳液体的静压力且不应泄漏的规定。只要防火堤自身结构能满足此要求，可以不再采取在堤内侧培土或喷涂隔热防火涂料等保护措施。

(5)GB 50074—2014 规定："管道穿越防火堤处应采用不燃烧材料严密填实。在雨水沟(管)穿越防火堤处，应采取排水控制措施。"

管道穿越防火堤必须要保证严密，以防事故状态下油品到处散流。

防火堤内雨水可以排出堤外，但事故溢出的油不应排走，故要采取排水阻油措施。可以采用安装有切断阀的排水井，也可采用自动排水阻油装置。现在国内已有成品，可供选用。

防火堤每一个隔堤区域内均应设置对外人行台阶或坡道，相邻台阶或坡道之间的距离不宜大于60m。

防火堤内人行台阶和坡道供工作人员和检修车辆进出防火堤之用，考虑平时工作方便和事故时及时逃生，故规定每一个隔堤区域内均应设置对外人行台阶或坡道。旧规范GB 50074—2002中规定："油罐组防火堤人行踏步不应少于两处，且应处于不同的方位上"。而新规范GB 50074—2014 改为相邻台阶或坡道之间的距离不宜大于60m，该要求更加具体。

（6）GB 50074—2014 规定："立式储罐罐组内应按下列规定设置隔堤：

①多品种的罐组内下列储罐之间应设置隔堤：

a. 甲 B、乙 A 类液体储罐与其他类可燃液体储罐之间；

b. 水溶性可燃液体储罐与非水溶性可燃液体储罐之间；

c. 相互接触能引起化学反应的可燃液体储罐之间；

d. 助燃剂、强氧化剂及具有腐蚀性液体储罐与可燃液体储罐之间。

②非沸溢性甲 B、乙、丙 A 储罐组隔堤内的储罐数量，不应超过表 4-5 的规定。

表 4-5　非沸溢性甲 B、乙、丙 A 储罐组隔堤内的储罐数量

单罐公称容量 V/m^3	一个隔堤内的储罐数量/座
$V<5000$	6
$5000\leqslant V<20000$	4
$20000\leqslant V<50000$	2
$V\geqslant 50000$	1

注：当隔堤内的储罐公称容量不等时，隔堤内的储罐数量按其中一个较大储罐公称容量计。

③隔堤内沸溢性液体储罐的数量不应多于 2 座。

④非沸溢性的丙 B 类液体储罐之间，可不设置隔堤。

⑤隔堤应是采用不燃烧材料建造的实体墙，隔堤高度宜为 0.5～0.8m。

储罐在使用过程中冒罐、漏油等事故时有发生。为了把储罐事故控制在最小范围内，把一定数量的储罐用隔堤分开是非常必要的。沸溢性油品储罐在着火时易于向罐外沸溢出泡沫状的油品，为了限制其影响范围，不管储罐容量大小，规定其两个罐一隔。

另外，这条规定，GB 50074—2014 与 2002 年版比较有所变化。本条第 1 款是新增加的内容；第 2 款明确了单罐容量大于等于 5000m³ 时，隔堤内只能有 1 座罐；第 5 款还规定隔堤高度宜为 0.5～0.8m，这更加定量化，2002 年版只规定隔堤顶面标高应比防火堤顶面标高低0.2~0.3m。

二、立式油罐组防火堤内有效容积和堤高的计算

（一）防火堤内有效容积计算

根据GB 50351—2014的规定，油罐组防火堤有效容积应按式(4-1)计算：

$$V = AH_j - (V_1 + V_2 + V_3 + V_4) \tag{4-1}$$

式中 V——防火堤有效容积，m^3；

A——由防火堤中心线围成的水平投影面积，m^2；

H_j——设计液面高度，m；

V_1——防火堤内设计液面高度内的一个最大油罐的基础体积，m^3；

V_2——防火堤内除最大油罐以外的其他油罐在防火堤设计液面高度内的液体体积和油罐基础体积之和，m^3；

V_3——防火堤中心线以内设计液面高度内的防火堤体积和内培土体积之和，m^3；

V_4——防火堤内设计液面高度内的隔堤、配管、设备及其他构筑物体积之和，m^3。

（二）防火堤高度计算

(1)由防火堤有效容积V计算，见式(4-2)。

$$h_{计} = V_{大}/V \tag{4-2}$$

(2)直接计算$h_{计}$，见式(4-3)

$$h_{计} = \frac{V_{大}}{a \cdot b - 0.785(D_1^2 + D_2^2 + D_3^2 + \cdots\cdots + D_n^2)} \tag{4-3}$$

式中 $h_{计}$——防火堤计算高度，m；

$V_{大}$——同一防火堤内一个最大油罐的容积，m^3；

a、b——防火堤内的长和宽，m；

D_1、D_2、D_3……D_n——防火堤内除1个最大油罐外的油罐的底圈板外直径，m。

(3)防火堤实际高度 $h_{实}=h_{计}+0.2$。当实高小于1m时，堤高取1m；当实高大于3.2m时，应加大防火堤内的面积，重新计算防火堤的高度，使防火堤实高不大于3.2m。

三、防火堤内地面设计的规定

(1)防火堤内的地面坡度宜为0.5%；防火堤内场地土为湿陷性黄土、膨胀土或盐渍土时，应根据其危害的严重程度采取措施，防止水害；在有条件的地区，防火堤内可种植高度不超过150mm的常绿草皮。

(2)当储罐泄漏物有可能污染地下水或附近环境时，堤内地面应采取防渗漏措施。

(3)油罐组防火堤内设计地面，宜低于堤外消防道路路面或地面。

四、防火堤内排水设施设置的规定

(1)防火堤内应设置集水设施。连接集水设施的雨水排放管道应从防火堤内设计地面以下通出堤外，并应设置安全可靠的截油排水装置。

根据这条规定，厂家研制出“HB型罐区自动截油排水器”。其外形见图4-1，结构尺寸见表4-6。

表4-6 “HB型罐区自动截油排水器”结构尺寸 mm

型号	通径 DN	压力/MPa	D	L_1	L_2	L_3	H_1	H_2
HB-200	200	0.25	219	942	150	480	105	450
HB-250	250	0.25	273	992	177	480	105	450
HB-300	300	0.25	325	1050	203	480	105	450
HB-400	400	0.25	426	1150	253	480	105	450

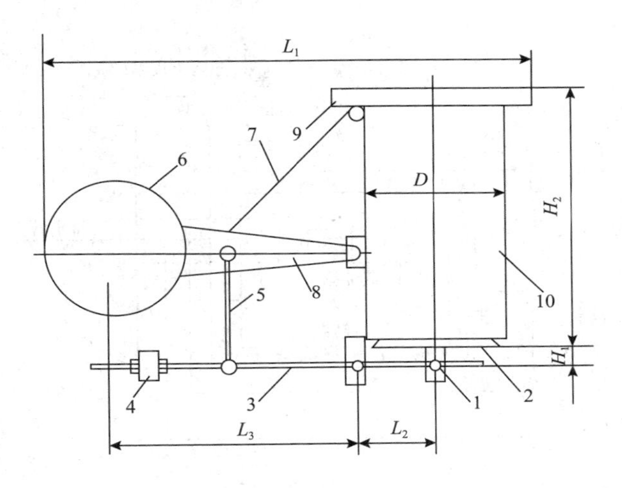

图 4-1 “HB 型罐区自动截油排水器”外形图

1—阀芯；2—阀门；3—杠杆；4—配重；5—撑杆；6—浮筒；

7—限位链；8—连接杆；9—法兰；10—出水筒

本产品直接安装在油罐区防火堤沉沙井内，直接与排水管管头连接，详见中国石化工业通用图《总图运输通用图集》SH 104—99 中“油品罐区水封阀安装图”，或参考图 4-2。

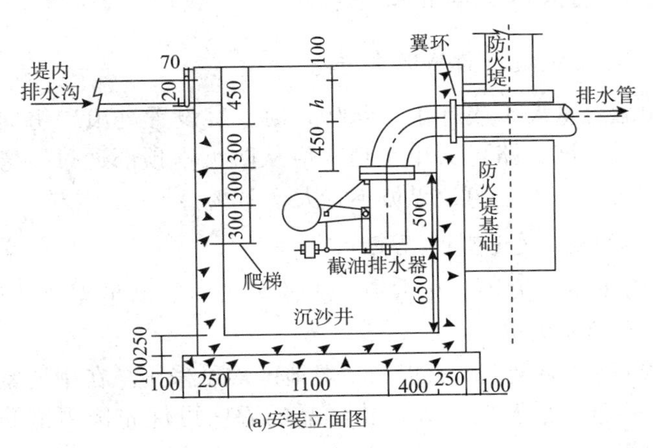

(a)安装立面图

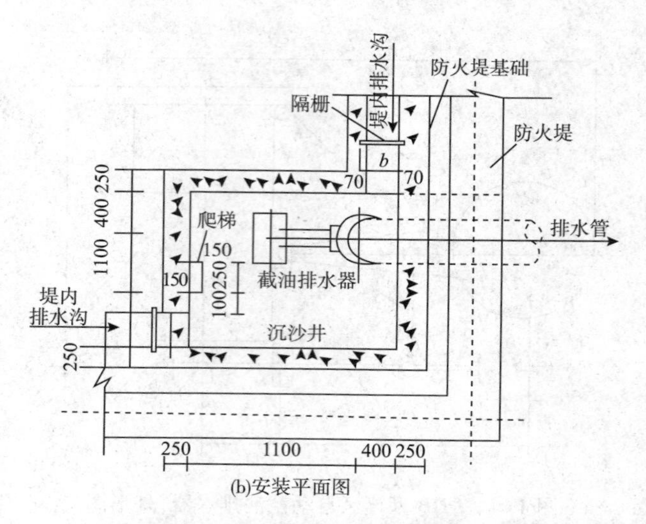

图 4-2 “HB 型罐区自动截油排水器”安装图

注：图中 h 为排水沟深度，b 为堤内排水沟宽度，尺寸单位为 mm

(2)在年降雨量不大于 200mm 或降雨在 24h 内可渗完，且不存在环境污染的可能时，可不设雨水排除设施。

五、防火堤的其他要求

(一)油罐组内的越堤车行通道

单罐容量大于或等于 50000m^3 时，宜设置进出罐组的越堤车行通道。该道路可为单车道，应从防火堤顶部通过，弯道纵坡不宜大于 10%，直道纵坡不宜大于 12%。

(二)防火堤选型的规定

(1)土筑防火堤。在占地、土质等条件能满足需要的地区，应选用土筑防火堤。

(2)钢筋混凝土防火堤，一般地区均可采用。在用地紧张地区、大型油罐区及储存大宗化学品的罐区可优先选用钢筋混凝土防火堤。

(3)浆砌毛石防火堤。在抗震设防烈度不大于 6°且地质条件较好、不易造成基础不均匀沉降的地区可选用浆砌毛石防火堤。

(4)砖、砌块防火堤和夹芯式中心填土砖、砌块防火堤，一般地区均可采用这种防火堤。

(三)防火堤、防护墙埋置深度

防火堤、防护墙埋置深度，应根据工程地质、建筑材料、冻土深度和稳定性计算等因素确定。除岩石地基外，基础埋深不宜小于0.5m；对于土堤，地面以下0.5m深度范围内的地基土的压实系数不应小于0.95。

(四)浆砌毛石防火堤构造的规定

(1)堤身及基础最小厚度应由强度及稳定性计算确定且不应小于500mm，基础构造应符合现行国家标准《建筑地基基础设计规范》(GB 50007)的规定。

(2)毛石强度等级不应低于MU30，砂浆强度等级不宜低于M10，浆砌必须饱满密实。

(3)堤顶应做现浇钢筋混凝土压顶，压顶在变形缝处应断开。压顶厚度不宜小于100mm，混凝土强度等级不宜低于C20，压顶内纵向钢筋直径不宜小于$\phi10$，钢筋间距不宜大于200mm。

(4)堤身应做1:1水泥砂浆勾缝。

(五)砖、砌块防火堤构造的规定

(1)防火堤堤身厚度应由强度及稳定性计算确定，且不应小于300mm，堤外侧宜用水泥砂浆抹面。

(2)砖、砌块的强度等级不应低于MU10，砌筑砂浆强度等级不应低于M7.5；基础为毛石砌体时，毛石强度等级不应低于MU30；浆砌必须饱满密实并不得采用空心砖砌体。

(3)堤顶应做现浇钢筋混凝土压顶，压顶在变形缝处应断开。压顶厚度不宜小于100mm，混凝土强度等级不宜低于C20，压顶内宜配置不少于3根$\phi10$纵向钢筋。

（4）抗震设防烈度大于或等于7度的地区或地质条件复杂、地基沉降差异较大的地区宜采取加强整体性的结构措施。

（5）夹芯式中心填土砖砌防火堤的构造要求：两侧砖墙厚度不宜小于200mm，沿堤长每隔1.5~2.0m设不小于200mm厚拉结墙与两侧墙咬搓砌筑；中间填土厚度300~500mm，并分层夯实；堤顶应设厚度不小于100mm的现浇钢筋混凝土压顶，混凝土强度等级不宜低于C20，压顶内纵向钢筋直径不宜小于$\phi10$，钢筋间距不宜大于200mm。

（六）隔堤、隔墙构造的规定

（1）砖、砌块隔堤、隔墙厚度不宜小于200mm，宜双面用水泥砂浆抹面，堤顶宜设钢筋混凝土压顶，压顶构造同前所述。

（2）毛石隔堤、隔墙厚度不宜小于400mm，宜双面用水泥砂浆勾缝，堤顶宜设钢筋混凝土压顶，压顶构造同前所述。

（3）钢筋混凝土隔堤、隔墙厚度不宜小于100mm，可按构造配单层钢筋网。

（七）防火堤（土堤除外）的保护措施

防火堤的保护措施主要有内侧培土或喷涂隔热防火涂料等方式。

1. 防火堤内侧培土应符合下列规定

（1）防火堤内侧培土高度与堤同高，培土顶面宽度不应小于300mm；培土应分层压实，坡面应拍实，压实系数不应小于0.85。

（2）培土表面应做面层，面层应能有效地防止雨水冲刷、杂草生长和小动物破坏，面层可采用砖或预制混凝土块铺砌，在南方四季常青地区，可用高度不超过150mm的人工草皮做面层。

2. 防火堤内侧喷涂隔热防火涂料应符合下列规定

（1）防火涂层的抗压强度不应低于1.5MPa，与混凝土的黏结强度不应小于0.15MPa，耐火极限不应小于2h，冻融实验15次强度无变化。

（2）防火涂层应耐雨水冲刷并能适应潮湿工作环境。

第五节　消防沙池、灭火毯(被)的配置标准及要求

消防沙、灭火毯的配置标准及要求见表4-7～表4-9。

表4-7　消防沙、灭火毯的配置标准及要求

<table>
<tr><td rowspan="2"></td><td rowspan="2">场　所</td><td colspan="2">灭火毯/块</td><td rowspan="2">灭火沙/m³</td></tr>
<tr><td>四级及以上油库</td><td>五级油库</td></tr>
<tr><td rowspan="12">《石油库设计规范》GB 50074—2014规定</td><td>1. 罐组</td><td>4～6</td><td>2</td><td>2</td></tr>
<tr><td>2. 覆土储罐出入口</td><td>2～4</td><td>2～4</td><td>1</td></tr>
<tr><td>3. 桶装液体库房</td><td>4～6</td><td>2</td><td>1</td></tr>
<tr><td>4. 易燃和可燃液体泵房</td><td>—</td><td>—</td><td>2</td></tr>
<tr><td>5. 灌油间</td><td>4～6</td><td>3</td><td>1</td></tr>
<tr><td>6. 铁路罐车易燃和可燃液体装卸栈桥</td><td>4～6</td><td>2</td><td>—</td></tr>
<tr><td>7. 汽车罐车易燃和可燃液体装卸场地</td><td>4～6</td><td>2</td><td>1</td></tr>
<tr><td>8. 易燃和可燃液体装卸码头</td><td>4～6</td><td>—</td><td>2</td></tr>
<tr><td>9. 消防泵房</td><td>—</td><td>—</td><td>2</td></tr>
<tr><td>10. 变配电间</td><td>—</td><td>—</td><td>2</td></tr>
<tr><td>11. 管道桥涵</td><td>—</td><td>—</td><td>2</td></tr>
<tr><td>12. 雨水支沟接主沟处</td><td>—</td><td>—</td><td>2</td></tr>
<tr><td>质量要求</td><td colspan="4">灭火毯的材料、厚度、纺织密度和机械强度等技术指标应符合相应标准，灭火毯应大于保护设施孔洞直径0.5m以上</td></tr>
<tr><td>管理要求</td><td colspan="4">灭火毯配置位置应明显，叠放整齐，取用方便，保持干净，被污染后应清洗或更换</td></tr>
<tr><td>室外要求</td><td colspan="4">灭火毯配置在室外时，应有防止风吹、雨淋、日晒的措施</td></tr>
</table>

表 4-8　非商业油库消防沙配置

配置场所	建(构)筑物结构、形式		配置标准	配置位置	备　注
1. 地面油罐	立式	轻油	1.5m³/组(罐)	防火堤内出入口附近	以一个防火堤为一组。防火堤内建有隔堤的，以一个隔堤为一组
		润滑油	1.0m³/组(罐)		
	卧式	轻油	1.0m³/组(罐)		
		润滑油	0.5m³/组(罐)		
2. 半下覆土油罐	立式	轻油	1.0m³/罐	检查通道出入口附近	指下部或中部设有检查通道的油罐。包括贴壁式油罐
	同罐室卧式	轻油	1.0m³/组	检查通道出入口附近	包括地面房间式卧式罐(组)和半地下(覆土)走廊(操作间)式卧式罐(组)
3. 洞库油罐		轻油	2.0m³/洞口	洞口附近	
		润滑油	1.0m³/洞口		
4. 各类桶装油品库房、棚、堆放场			1.0m³/栋(处)	室内或室外适当位置	
5. 轻油泵房			1.0m³/座	室内或室外适当位置	不分建筑形式
6. 铁路轻油装卸作业区			1.0m³/120m	栈桥下部中间或两端	
7. 铁路润滑油装卸作业区			1.0m³/处	鹤位附近适当位置	
8. 汽车收发油作业区			1.0m³/处	设施附近适当位置	
9. 码头收发油作业区			1.0m³/处	设施附近适当位置	
10. 轻油、润滑油灌桶间			0.3m³/间	室内或室外适当位置	
11. 发电机房储油间			0.3m³/间	室内或室外适当位置	
12. 发动机泵组、消防泵房储油间			0.3m³/间	室内或室外适当位置	

表 4-9　非商业油库石棉被配置

配置场所	建(构)筑物结构、形式		配置标准	配置位置	备　注
1. 地面油罐	立式	轻油、润滑油	1 条/座	测量口附近	
		轻油	1 条/座	测量口附近	
	卧式	润滑油	1 条/4 座	与灭火器一同放置	
	储罐区		每 2 具灭火器对应配置 1 条石棉被		
2. 半地下覆土油罐	立式	轻油、润滑油	1 条/座	测量口附近	包括贴壁式油罐
	油罐室卧式	轻油	1 条/座	测量口附近	含地面房间式卧式罐(组)和半地下(覆土)走廊(操作间)式卧式罐(组)
		润滑油	1 条/4 座	与灭火器一同放置	
	直埋卧式	轻油	1 条/2 座	与灭火器一同放置	
		润滑油	1 条/4 座		
3. 洞库油罐	洞库上、下坑道口部		1 条/处	与灭火器一同放置	
	单一罐室布置的立式、卧式	轻油、润滑油	1 条/座	测量口附近	含贴壁式油罐
	油罐室立式	轻油、润滑油	1 条/座	测量口附近	
	油罐室卧式	轻油	1 条/座	测量口附近	
		润滑油	1 条/4 座	与灭火器一同放置	
4. 各类桶装油品库房、棚、堆放场			每 2 具灭火器对应配置 1 条石棉被		
5. 轻油泵房			2 条/座	与灭火器一同放置	

续表

配置场所	建(构)筑物结构、形式	配置标准	配置位置	备　注
6. 铁路轻油装卸作业区		1条/12m	栈桥上部鹤管附近	有两股或多股作业栈桥的，应分别配置。
7. 铁路润滑油装卸作业区		每2具灭火器对应配置1条石棉被		
8. 汽车收发油作业区		1条/车位	与灭火器一同放置	
9. 码头收发油作业区	装卸油鹤位	1条/鹤位	装卸油臂附近适当位置	
	趸船	每2具灭火器对应配置1条石棉被		
10. 轻油、润滑油灌桶间		1条/间	与灭火器一同放置	
11. 发电机房储油间				
12. 化验室油样间				
13. 发动机泵组、消防泵房储油间				

第五章　油库消防器材设备

第一节　灭火器

一、灭火器的结构和操作使用方法

现对清水型、泡沫型、干粉型、二氧化碳型四类灭火器的结构和操作使用方法分别进行介绍。

(一)清水灭火器

清水灭火器中充装的是清洁的水，所以称为清水灭火器。为了提高灭火性能，在清水中适量加入添加剂，如抗冻剂、润湿剂、增黏剂等。

1. 结构

清水灭火器主要由筒体、筒盖、二氧化碳储瓶、喷射系统、开启机构等组成，见图 5-1。

2. 用途

清水灭火器主要用于扑救固体物质火灾，如木材、纸张、棉麻、织物等的初起火灾；能够喷雾的灭火器也可用于扑救可燃液体的初起火灾。

水型灭火器一般不能用来扑救可燃液体火灾、可燃气体火灾、带电设备火灾和轻金属火灾。水型灭火器也不宜用来扑救图书资料、文物档案、艺术作品、技术文献等物质的火灾，因为水渍损失会使它们失去使用价值。

3. 操作使用

(1)清水灭火器使用时，将其迅速提到火场，在距离燃烧物

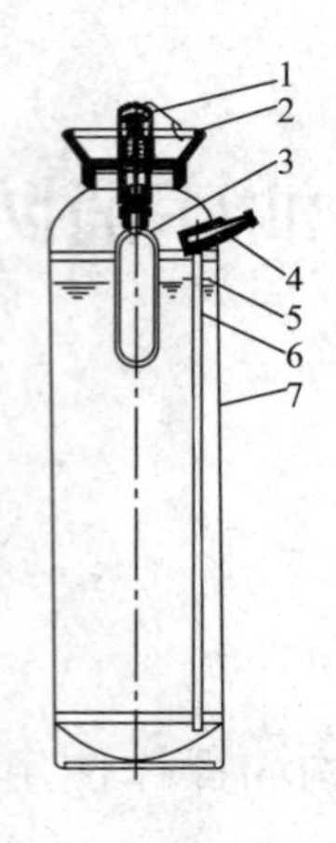

图 5-1　清水灭火器结构示意图

1—保险帽；2—提圈；3—二氧化碳储气瓶；4—喷嘴；
5—水位标志；6—虹吸管；7—筒体

大约 10m 处，直立放稳。

(2)卸下保险帽，用手掌拍击开启杆顶端的凸头。这时二氧化碳气瓶的密封膜片刺破，二氧化碳进入筒体内，迫使清水从喷嘴喷出。

(3)立即一只手提起灭火器筒体盖上的提环，另一只手托住灭火器底圈，将喷射水流对准燃烧最猛烈处喷射。

(4)随着灭火器喷射距离的缩短，操作者应逐渐向燃烧处靠近。使水流始终喷射在燃烧处，直至将火扑灭。

(5)清水灭火器使用过程中应始终与地面保持大致垂直状态，切勿颠倒或横卧。否则，会使加压气体泄出而使灭火剂不能喷射。

(二)空气泡沫灭火器

泡沫灭火器是充装泡沫灭火剂的灭火器，分为化学泡沫和空气泡沫两种。化学泡沫灭火器已经淘汰。

1. 结构

空气泡沫灭火器只有手提式一种。按泡沫液的充装形式和加压方式分为储压式(混装)、储气瓶式(混装)两种。储压式空气泡沫灭火器由筒体、筒盖、开启机构、喷射系统组成，见图5-2。

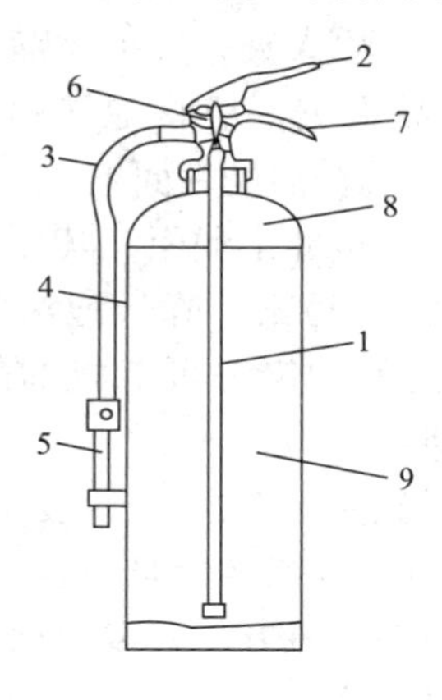

图5-2　储压式泡沫灭火器结构示意图

1—虹吸管；2—压把；3—喷射软管；4—筒体；5—泡沫喷枪；6—筒盖；7—提把；8—加压氮气；9—泡沫混合液

2. 工作原理

空气泡沫的产生过程是：首先，空气泡沫液和清水接一定的比例混合成泡沫混合液。将混合液装入筒体，并充入一定压力的氮气，当开启机构打开时，泡沫混合液在氮气压力作用下进入喷射系统，泡沫混合液流经空气泡沫喷枪时，吸入空气，生成泡沫。

3. 用途

泡沫灭火器主要用于扑灭油品火灾，如汽油、柴油、煤油、苯、甲苯、二甲苯、植物油、动物油脂等初起火灾。也可用于扑灭固体火灾，如木材、竹器、棉麻、织物、纸张等。抗溶性泡沫灭火器能够扑救水溶性液体火灾。泡沫灭火器不能用于扑救E类(带电)火灾、气体火灾、轻金属火灾。

4. 操作使用

(1)空气泡沫灭火器使用时，应手提灭火器迅速赶到火场，在距起火点约6m处停下。

(2)先拔出保险，然后一只手握住喷枪，另一只手紧住开启把手，空气泡沫就会从喷枪中喷射出来。

(3)扑救可燃固体物质火灾，应把喷嘴对准燃烧最猛烈处喷射；扑救容器内的油品火灾，应将泡沫喷射在容器的器壁上，使泡沫沿器壁流下，覆盖在油品表面上。

(4)泡沫射流不得直接冲击油面，其原因是泡沫射流和油品相撞会使泡沫受到破坏和污染，降低泡沫的灭火能力；当油品液位较高时，泡沫射流的冲击力可能将油品冲出容器而扩大火灾范围，增加灭火困难。

(5)扑救流动油品火灾，尽量减少泡沫射流与地面的夹角，使泡沫由近而远地逐渐覆盖在整个油面上。

(6)灭火时，应站在上风方向，以免火焰影响扑救工作和烧伤灭火者。

(三)QWMB12 脉冲灭火器

QWMB12 背负式脉冲灭火器是利用高压气体将灭火剂以 120m/s 的速度高速喷出，产生的微小雾滴遇到火源瞬间汽化，隔绝空气与火源，窒息灭火的新型产品。其灭火剂是水，没有任何化学添加剂，属绿色环保产品，每次发射的灭火剂仅为 1L，用水量少，灭火效率高。

1. 构造

QWMB12 背负式脉冲灭火器由储水桶(12L)、输气管、输水管、背托、减压装置(30/2.5/0.6MPa)、高压气瓶(30MPa)、脉冲枪等组成，见图 5-3。

2. 工作原理

QWMB12 背负式脉冲灭火器是高压快速灭火设备。工作时，储水瓶灌满水，打开高压气瓶瓶头阀，使脉冲枪体后室充气，前室充水完毕后，扣动扳机后室压缩气体瞬时进入枪体前室，在扩流口和雾化板的作用下，使水流产生高速动能从枪管快速喷出，和周围的气体产生很高的速度差，将水撕碎成细微雾滴，从而形成直径微小的雾滴，通常在几十微米到几百微米之间。

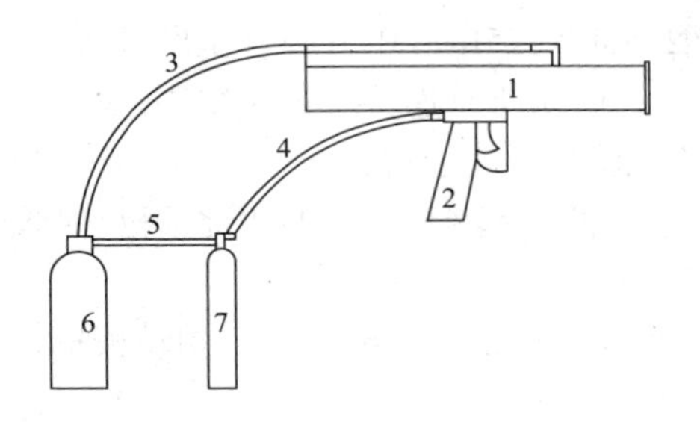

图 5-3　QWMB12 背负式脉冲灭火器结构示意图

1—脉冲枪；2—枪把；3—低压水管路；

4—高压气管路；5—低压气管路；6—储水瓶；7—高压气瓶节

由于雾滴直径很小，相对同样体积的水，其表面积剧增，从而加强了热交换的效能，达到了非常好的降温效果。

3. 技术性能

(1) 灭火剂充装量为 12L；高能量水雾水滴直径为 5 ~ 50μm，有效喷射距离为 1 ~ 10m；低能量水雾水滴直径为 200μm；最远射程 17m；有效喷射 10 次。

(2) 脉冲枪工作压力 2.5MPa，水室脉冲枪前室容积 1L。

(3) 储气瓶工作压力 30MPa，容积 2L。

4. 用途

QWMB12 背负式脉冲灭火器用于居民家庭火灾、电气火灾、汽车火灾、小型油类初期火灾的扑救。

5. 操作使用

(1) 将水罐注满水并把盖盖紧。

(2) 把气瓶固定到背架的右侧，气瓶阀与水罐底对齐，并连接减压阀与瓶阀。

(3) 从减压阀处把 6bar 压力胶管连接到水罐顶部的接头上。

(4) 连接水管至水罐下部的接头上。

(5) 背上背板，调整背带及扣紧腰带，挎上脉冲枪，把枪带调整到合适的位置。

(6) 确认水阀处于前位/关闭位，连接水管的另一端。

(7)连接2.5MPa(25bar)压力胶管至脉冲枪，接头上的外圈应扭转大约15°，确认所有连接已连接牢固。

(8)打开气瓶阀门(完全打开)。

(9)将脉冲水枪竖起45°，并打开水阀及保险开关，2～3s后水枪管内被注满水。

(10)关闭水阀，将枪口对准火源，扣动板机，发射。

6. 注意事项

(1)各接头连接要牢固，确保使用安全。

(2)使用时，要保持前虚后实的弓步操作姿势，以达到良好的射击效果，同时防止冲射时产生后座力伤人。

(3)两次喷射的时间间隔大约为3s，以便操作人员确定下次喷射的目标，以及让水雾在火中起到最大的冷却作用。

(4)如果需要连续发射，应把水阀处在开的位置，使枪处于45°。

(5)脉冲水枪每发射20枪后要用专用工具紧固枪口。

(6)脉冲水枪扑救不同的物质火灾，可使用不同的灭火剂或添加相应的反应剂。

(四)干粉灭火器

干粉灭火器是指充装干粉灭火剂的灭火器。干粉灭火器按用途分为普通干粉灭火器、多用途干粉灭火器两种；按移动方式和重量分为手提式、背负式、推车式三种；按加压方式分为储瓶式(已经淘汰)、储压式两种。油库使用的干粉灭火器主要有手提式和推车式两种。

1. 结构

(1)手握式干粉灭火器由筒体、筒盖、开启机构、喷射系统等组成，见图5-4。

(2)推车式干粉灭火器由筒体盖、筒盖、开启机构、喷射系统、行走机构等组成，见图5-5。

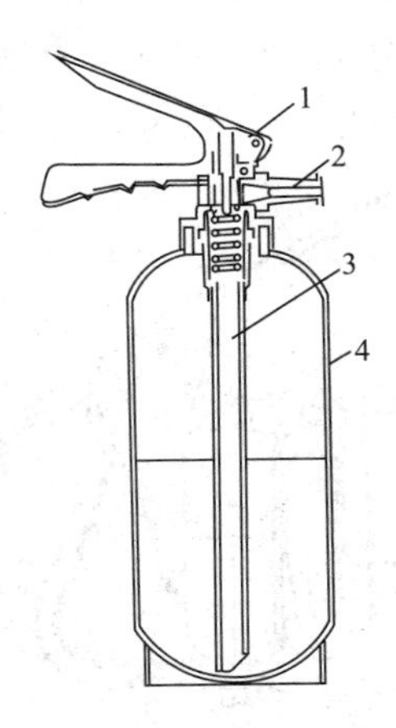

图 5-4　手提式干粉灭火器结构示意图

1—筒盖；2—喷嘴；3—出粉管；4—筒体

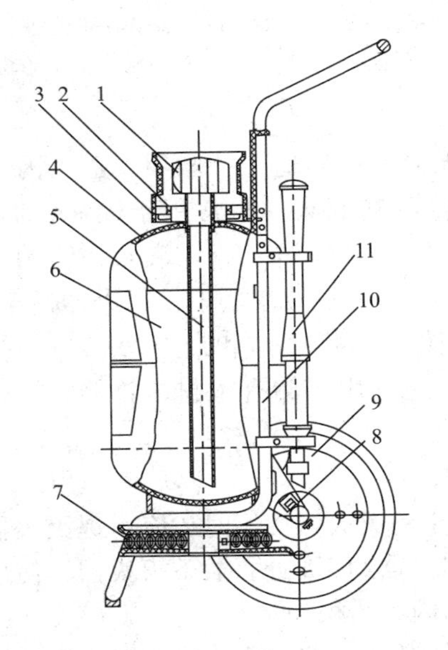

图 5-5　推车式干粉灭火器结构示意图

1—压力表；2—密封胶圈；3—护罩；4—筒体；5—吸出粉管；6—杆粉；7—出粉管；8—轮轴；9—车轮；10—车架；11—喷粉枪

(3)背负式干粉灭火器由筒体、筒盖、控制机构、喷射系统、背负装置等组成，见图5-6。

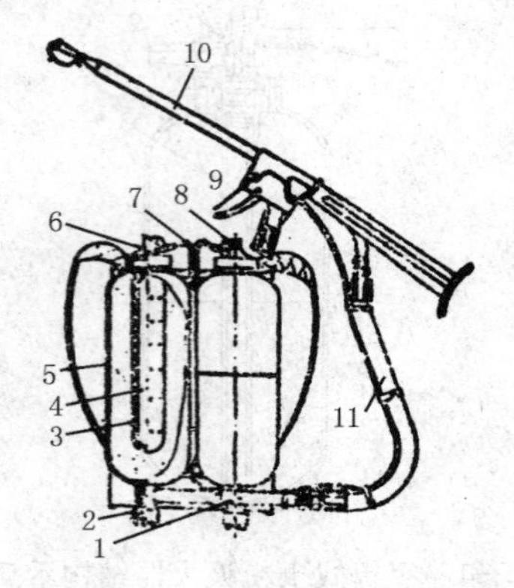

图5-6　背负式干粉灭火器结构示意图

1—干粉收集管；2—单向阀；3—气袋；4—贮气瓶；5—筒体；
6—安全阀；7—开启拉线；8—顶针；9—枪机；10—干粉枪；11—软管

2. 用途

碳酸氢钠干粉灭火器适于扑救甲、乙、丙类液体，可燃气体和带电(E类)的初起火灾，常用于油库、加油站、汽车库、实验室、变配电室、煤气站、液化汽站、船舶、车辆、工矿企业及公共建筑等场所。磷酸铵盐干粉灭火器适于扑救可燃固体，甲、乙、丙类液体，可燃气体和带电(E类)的初起火灾；除适于上述场所外，还适用于储有木材、竹器、棉花、织物、纸张等制品的场所。

3. 操作使用

(1)手提式干粉灭火器使用时，应手提灭火器提把，迅速赶到火场，在距起火点约5m处，放下灭火器。使用前应将灭火器颠倒几次，使筒内干粉松动。

(2)储压式干粉灭火器，应先拔下保险销，然后一只手握住喷嘴，另一只手将开启把用力按下，干粉便会从喷嘴喷射出来；如果是外置式干粉灭火器，应一只手握住喷嘴，另一只手握住提柄和开启把，用力合拢则气瓶打开，干粉便会从喷嘴喷射出来。

(3)推车式干粉灭火器一般由两人操作。使用时应迅速将灭火器推到或拉到火场，在距起火点10m处停下。一人将灭火器放好，拔出开启机构上的保险销，迅速打开二氧化碳钢瓶阀门；另一人迅速取下喷枪，展开喷射软管，一只手握住喷枪枪管，另一只手用力钩住扳机，将干粉喷射到火焰根部灭火。

(4)背负式干粉灭火器使用时，应先撕掉铅封，拔出保险销。然后背起灭火器，迅速赶到火场，在距起火点约5m处，占据有利位置，手持喷枪，打开扳机保险(“开”和“关”二字)，用力钩住扳机即可喷粉灭火。当喷射完第一筒干粉后，将换位扳机从左向右推动，再用力钩住扳机，即可喷射第二筒干粉。

(5)使用干粉灭火器扑灭流散液体火灾时，应从火焰侧面对准火焰根部，水平喷射。由近而远，左右扫射，迅速推进，直到把火焰全部扑灭。在扑容器内可燃液体火灾时，亦应从侧面对准火焰根部左右扫射；当火焰被赶出容器时，应迅速将容器外火焰扑灭。使用磷铵干粉扑灭固体火灾时，应使喷嘴对准燃烧最猛烈处，左右扫射，并尽量使干粉灭火剂均匀喷洒在燃烧物表面，直至把火全部扑灭。

(6)在室外使用干粉灭火时，应从上风方向或风向侧面喷射，以利于人身安全和灭火效果。干粉灭火器在喷射过程中应始终保持直立状态，不能横着或颠倒。否则，不能喷粉。

(7)用干粉扑灭可燃液体火灾时，不能将喷嘴直接对准液面喷射，以防干粉气流冲击而使油品飞溅，引起火势扩大，造成灭火困难。

(8)干粉灭火的优点是灭火速度快，能够迅速控制火势和扑灭火灾。但干粉的冷却作用甚微，对燃烧时间较长的火场，在火场中存在炽热物的条件下，灭火后容易复燃。在这种情况下，如能与泡沫联用，灭火效果更佳。

(五)二氧化碳灭火器

二氧化碳灭火器内充装的灭火剂是加压液化的二氧化碳。二氧化碳灭火器有手提式和推车式两种。油库使用的二氧化碳灭火器大多是手提式的。

1. 结构

(1)手轮式二氧化碳灭火器由钢瓶、瓶头阀和喷射系统组成，见图5-7和图5-8。

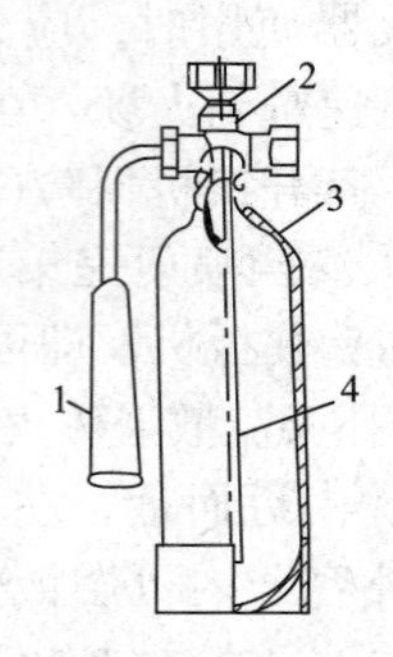

图5-7　手轮式二氧化碳灭火器结构示意图

1—喷筒；2—手轮式启闭阀；3—钢瓶；4—虹吸管

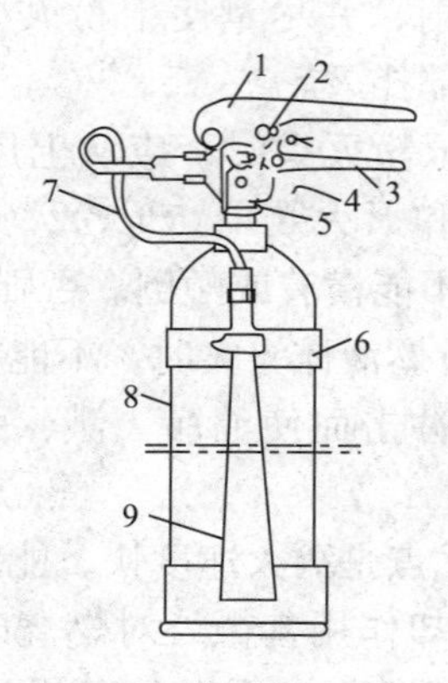

图5-8　鸭嘴式二氧化碳灭火器结构示意图

1—压把；2—安全销；3—提把；4—超压安全保护装置；5—启闭阀；6—卡带；7—喷管；8—钢瓶；9—喷筒

(2)推车式二氧化碳灭火器结构见图5-9。其结构与手提式灭火器基本相同，其主要不同点是：多了一个固定和运送灭火器的推车；开启机构全部采用手轮式的；瓶头上的阀门上装了一个安全帽，使用时卸下安全帽，才能开启手轮。

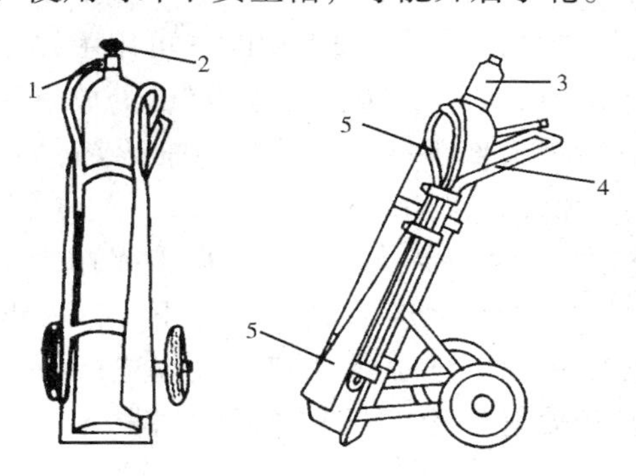

图5-9 推车式二氧化碳灭火器结构示意图

1—胶管接头；2—手轮；3—安全帽；4—推车；5—胶管和喷射口

2. 用途

二氧化碳灭火器是由其自身气体压力驱动的储压式灭火器。二氧化碳灭火器适于扑救B类(甲、乙、丙类液体)，C类(可燃气体)和E类(带电设备)的初起火灾，常用于油库、加油站、油泵间、液化气站、实验室、变配电室、柴油发电机房等场所作初期防护。二氧化碳灭火时不污损物件，灭火后不留痕迹，所以二氧化碳灭火器更适于扑救精密仪器和贵重设备的初起火灾，可用于电子计算机房、通信机房和精密设备间等场所作初期防护。在油库主要配置于可能发生E类火灾的场所。

3. 操作使用

二氧化碳灭火器的钢瓶属于高压容器，瓶头阀、喷射系统的结构也比其他类型灭火器复杂；液态二氧化碳的蒸气压力随温度的升高增加很快，当环境温度高于13.35℃(即超过二氧化碳的临界温度)时，钢瓶内的液体消失，全部变成二氧化碳气体，这时钢瓶内的压力，不仅与温度有关，而且还与充装系数

（灭火器单位容积内所充装的灭火剂的重量）有关。充装系数越大，温度上升时压力上升得越快；充装系数较小时，压力随温度的上升增加较缓慢。因此，二氧化碳灭火器的操作使用必须十分注意安全。

（1）手提式二氧化碳灭火器使用时，可用手提或肩扛的方式将灭火器迅速运到火场。在距起火点约5m处放下灭火器。一只手握住喇叭形喷嘴根部手柄，把喷嘴对准火焰，另一只手打开手轮或压下开启把，二氧化碳就喷射出来。

（2）推车式二氧化碳灭火器一般由两人操作，先把灭火器推到或拉到火场，在距起火点约10m处停下。一人迅速卸下安全帽，逆时针旋转手轮，把手轮开到最大位置；另一人则迅速取下喇叭筒，展开喷射软管，双手紧握喷嘴根部的手柄，对准火焰喷射。

（3）当用二氧化碳灭火器扑灭流散可燃液体火灾时，应使二氧化碳射流由近而远向火焰喷射。如果面积较大，操作者应左右摆动喷嘴，直至把火扑灭。当扑灭容器内火灾时，操作者应手持喷嘴根部的手柄，从容器上部的侧向容器内喷射，但不要使二氧化碳冲击到液面，以免将可燃液体冲出容器而使火灾扩大。总之，使用二氧化碳灭火器时，应设法将二氧化碳尽量多地喷射到燃烧区域内，使之达到灭火浓度而使火焰熄灭。

（4）当打开启闭阀门或压下开启把时，二氧化碳灭火器的密封开启，液态二氧化碳在其蒸气压的作用下，经虹吸管和喷射连接管从喷嘴喷出。由于压力的突然下降，二氧化碳迅速汽化，但因汽化所需热量供不应求，二氧化碳汽化时不得不吸收本身热量，结果一部分二氧化碳凝结成雪花状的固体，温度下降到 $-79.5℃$。所以，从二氧化碳灭火器喷出的是气体和固体的混合物，当雪花状二氧化碳覆盖在燃烧物上时，即刻汽化（升华），对燃烧有一定的冷却作用。但二氧化碳灭火的冷却作用不大，主要是依靠稀释燃烧区域中的空气，使含氧浓度降到维持物质燃烧的极限浓度以下，从而使燃烧窒息。

(5)使用二氧化碳灭火器灭火时，手提灭火器在喷射过程中应始终保持直立状态，切不可水平、横卧、颠倒；当不戴防护手套操作时，切记不要用手接触喷嘴或金属管，以防冻伤；在室外使用时操作者应站在上风方向；在室外大风条件下使用时，因喷射的二氧化碳被风吹散，灭火效果很差；在狭小的室内使用时，灭火后操作者应迅速撤离，以防二氧化碳中毒；二氧化碳扑救室内火灾后，应先通风然后进入，未通风不得进入室内，以防中毒窒息。

(六)灭火器操作使用图例

用灭火器灭火时，其操作方法是否正确，对于灭火效果有很大的影响。方法正确能迅速将火扑灭，方法错误可能火扑灭不了，甚至还可能造成人员伤亡，火灾扩大。表5-1列出了几种正确与错误灭火的图例。

表5-1　几种正确与错误灭火的图例

操作方法		说明
正　确	错　误	
		使用灭火器时，应正确、迅速判明风向，顺风打开灭火器，对准火焰根部喷，切勿逆风灭火
		扑灭液体火灾时，应对准液面，由近及远灭火，不应对准火焰灭火
		扑灭管线跑、冒、滴、漏、渗液火灾时，应对准滴漏体的部位喷射灭火，不应对准火焰灭火
		使用灭火器扑灭火灾时，根据火势和灭火器数量，可组织几人同时灭火，有条件时不应一人灭火

续表

操作方法		说明
正　确	错　误	
		火被扑灭后，仍应对现场进行监视，防止复燃，确认无复燃可能时，才能撤离现场
		灭火器使用完后，应充装灭火剂，不允许将空灭火器放在其配置位置上

二、灭火器的维护保养

灭火器的维护保养是消防管理的重要环节，是灭火器处于良好状态的关键性工作，油库必须重视这项工作。

(一)灭火器放置环境条件

(1)灭火器放置环境温度应与其规定的使用温度范围相符。灭火器不得受烈日曝晒、接近热源，或者受剧烈震动。因为温度过高或剧烈震动会使灭火器内的压力剧增而影响安全。水型灭火器，温度过低还可能导致药剂冻结，失去灭火能力，并可能损坏灭火器筒体。

(2)灭火器应放置在通风、干燥、清洁的地方。灭火器会因受潮或受化学腐蚀的影响而锈蚀，造成开关失灵，喷嘴堵塞，降低灭火器的使用寿命。

(3)灭火器放置地点应明显，便于取用，且不影响安全疏散，推车式灭火器与保护对象之间的通道应保持畅通无阻。

(二)灭火器的检查

1. 灭火器外观检查

灭火器外观检查一般每月一次，其内容是：

(1) 检查灭火器铅封是否完好。灭火器一经开启，即使喷射不多，也必须按要求重新充装。充装后应作密封试验，并铅封。

(2) 检查可见部位防腐层完好程度。防腐层轻度脱落的应及时修补，有明显腐蚀的进行耐压试验，不合格的报废，合格的进行防腐处理。

(3) 检查灭火器可见零部件是否齐全，有无松动、变形、锈蚀或损坏，装配是否符合要求。

(4) 检查储压式灭火器的压力表指示值是否在绿色区域。如果指针在红色区域，应查明原因，检修重装。

(5) 检查灭火器喷嘴是否畅通，如有堵塞应及时疏通；检查干粉灭火器的防潮堵是否完好，喷枪零件是否完备。

2. 灭火器定期检查

(1) 清水灭火器。每半年进行一次全面检查。检查时应卸下器盖，其内容是：

①检查气瓶的防腐层有无脱落和锈蚀状况，轻度锈蚀的及时补好，明显锈蚀的应进行水压试验。

②检查气瓶内二氧化碳的重量，若重量减少 10% 时，应进行修复充足。

③检查灭火器筒体有无明显锈蚀，有明显锈蚀的应送消防专业维修部门进行水压试验。

④检查灭火器操作机构是否灵活可靠。

⑤检查灭火器内水的重量是否符合规定，水量不够的补足，水量超过的排出。

⑥检查灭火器盖密封部位是否完好，喷嘴过滤装置是否堵塞。各项要求合格者应按规定装配好。

(2) 泡沫灭火器。每半年应检查一次。检查时应拆开灭火器盖，其内容是：

①检查滤网安装是否牢固，滤网是否堵塞。

②检查灭火器盖的密封橡胶垫是否完好，装配有无错位现象。

③检查瓶盖机构，在向上扳起后，中轴是否能自动弹出。

④推车式灭火器应检查行驶过程中有无药液渗出现象。

⑤推车式灭火器检查瓶口密封圈是否腐蚀，喷枪、喷射软管及安全阀有无堵塞，行走机构是否灵活可靠，并在转动部位加注润滑脂。

⑥每年检查一次灭火剂，主要检查药液的发泡沫倍数和泡沫消失率是否符合规定的技术要求。

(3)干粉灭火器检查。检查内容是：

①每月检查灭火器出粉管、进气管、喷嘴和喷枪等有无堵塞；出粉管防潮膜、喷嘴防潮堵有无破裂。发现堵塞应及时清理，防潮膜、防潮堵破裂应及时更换。

②每季检查操作机构是否灵活，筒体密封是否严密，灭火器盖是否紧固。

③每年检查一次干粉是否吸湿结块(干粉受潮的烘干可继续使用)，若有结块应及时更换。

(4)二氧化碳灭火器。每半年检查一次，其内容是：

①检查喷嘴和喷射管道是否堵塞、腐蚀和损坏。

②刚性连接式喷嘴是否能绕其轴线回转，并可停留在任何位置。

③推车式灭火器行驶机构是否灵活可靠，并加注润滑脂。

④每年至少称量一次重量，手提式灭火器的年泄漏量不得大于灭火剂规定充装量的5%或50g(取两者中较小值)，推车式灭火器的年泄漏量不得大于灭火剂规定充装量的5%，超过规定泄漏量的应检修后按规定充装量重灌。

(三)灭火器水压试验

1. 水压试验周期与试验压力

各种灭火器的初次和定期水压试验时间、报废时间，国家公共安全行业标准《灭火器检修与报废》(GA95)的规定见表5-2。

表 5-2　油库常用灭火器水压检验周期、试验压力与报废期限

<table>
<tr><th>灭火器类型</th><th>水压试验周期</th><th>试验压力/MPa</th><th>报废期限</th></tr>
<tr><td>手提式和推车式干粉灭火器</td><td rowspan="2">出厂期满五年，以后每隔二年</td><td>2.5</td><td>满 10 年和 12 年</td></tr>
<tr><td>手提式和推车式二氧化碳灭火器</td><td>25.0</td><td>满 12 年</td></tr>
<tr><td>手提式和推车式机械泡沫灭火器</td><td rowspan="2">出厂期满三年，以后每隔二年</td><td>2.3</td><td>满 8 年</td></tr>
<tr><td>手提式水型灭火器</td><td>2.5</td><td>满 6 年</td></tr>
<tr><td>二氧化碳灭火器软管组合</td><td rowspan="2">与灭火器同期</td><td>10.0</td><td></td></tr>
<tr><td>其他灭火器软管组合</td><td>2.0</td><td></td></tr>
</table>

注：(1) 灭火器每次使用后必须进行检查，更换损坏件，重新充装灭火剂和驱动气体。

(2) 外观检查发现筒身有磕碰，焊缝外观质量不符合规定要求的，应进行水压试验检查。

(3) 每次维修的铭牌不允许相互覆盖。

2. 水压试验要求

灭火器的水压试验应由消防专业维修部门承担，具有下列情况之一者应进行水压试验。

(1) 清水灭火器充装灭火剂两年后，每年应进行一次水压试验；灭火器外部和内部有明显腐蚀者应进行水压试验。

(2) 水压试验压力时，在规定压力下，持续时间不小于 1min，没有渗漏和宏观变形等缺陷，视为合格。水压试验合格者可继续使用。

(3) 二氧化碳灭火器和二氧化碳气瓶，每隔五年或表面有明显锈蚀者应进行水压试验，并测定残余变形率，变形率不得大于 6%。试验后应测定壁厚，不得小于(包括腐蚀余度)灭火器筒体壁厚。检查合格者应在灭火器筒体的肩部用钢印打上试验日期和试验单位代号。

(4) 水压试验后，应清理灭火器内部杂物，并进行干燥处理。

（四）更换灭火器的灭火剂

（1）水型灭火器和化学泡沫灭火器灭火剂更换可由经过专门培训的人员进行。化学泡沫灭火剂的更换步骤：

①清洗灭火器内部。清除灭火器筒体内的杂物，检查锈蚀。如发现筒体锈蚀应进行水压试验，合格者重新防腐处理，标明试验日期和试验单位代号，不合格者应予以报废，不得修焊再用。

②装灭火剂。将内药剂倾入耐酸容器中，注入规定量的热水，用棒子搅拌，待溶解后把溶液倒入内胆，外表面用清水洗干净。

③将外药剂倾入灭火器筒内，注入规定量的清水，用棒子搅拌，使之溶解。

④将装好药液的内胆放入灭火器筒体内，盖好铅质盖，垫好垫圈，均匀地将器盖紧固。

⑤填写换药卡。将换药时间和换药人姓名填入，随灭火器保存。

（2）干粉灭火器、二氧化碳灭火器的充装应由消防专业维修部门承担。

①灭火剂重量和加压气体应根据铭牌和说明书要求的重量和压力充装，并考虑环境温度对压力的影响。

②二氧化碳气瓶重新灌装后，应进行气密性试验。其内容是浸水试验和储存试验。浸水试验是将二氧化碳气瓶直立放置在50～55℃的清水中，水面高出气瓶50mm以上，保持60min，不见泄漏气泡为合格；储存试验是将浸水试验合格的气瓶，逐只称重后，再放在室内常温下存放15d，然后再称重。前后两次重量应相符，精度为±1g。浸水试验和储存试验不符合要求者不得使用。

③消防专业维修部门更换灭火剂和检验合格的灭火器，应在明显部位标记不易脱落的标志。其内容包括水压试验、重新充装日期和维修单位的名称、地址等。

（五）灭火器的报废

依据《建筑灭火器配置设计规范》、《灭火器的检修与报废》等有关要求，具有下列情况之一的干粉灭火器应予以报废。

1. 具有以下两种情况之一的灭火器应报废

（1）筒体水压试验不合格的灭火器必须报废，不允许补焊。

（2）凡是出厂时间已达到或超过最高使用期限（报废期限）灭火器必须立即报废，报废期限见表5-12。

2. 以下11种类型的灭火器应报废

（1）酸碱型灭火器。

（2）化学泡沫型灭火器。

（3）储气瓶式干粉型灭火器。

（4）不可再充装型、使用五年以上灭火器。

（5）倒置使用型灭火器。

（6）软焊料或铆钉连接的铜壳型灭火器。

（7）铆钉相连的钢壳型灭火器。

（8）氯溴甲烷、四氯化碳灭火器。

（9）非必要场所配置的，且需进行维修的卤代烷灭火器。

（10）国家规定的不适用的或不安全的灭火器。

（11）未经国家检测中心检验合格的灭火器。

3. 具有以下11种缺陷之一的灭火器应报废

（1）筒体锈蚀严重、变形严重的。

（2）铭牌脱落或模糊不清的。

（3）没有生产厂名或出厂日期的。

（4）省级以上的公安部门明令禁止销售，维修或使用的。

（5）有锡焊、熔接、铜焊、补缀等修补痕迹的。

（6）钢瓶、筒体的螺纹受损的。

（7）因腐蚀而产生凹坑的。

（8）当灭火器被火烧过的。

（9）氯化钙类型灭火剂用于不锈钢灭火器中的。

（10）当某些类型灭火器按国家规定应予以报废的。

(11)铝制钢瓶、筒体的灭火器暴露在火堆前，或重新刷漆并用烘炉烘干温度超过160℃时。

(六)灭火器报废后的处理

(1)报废后的灭火器筒体均须进行破坏性的解体处理，禁止继续使用，严禁将其混入合格的灭火器产品中。

(2)灭火器报废后必须按照等效替代的原则，在原定设置点重新配置灭火级别不低于原配灭火器的合格灭火器。

三、灭火器检定检修

干粉灭火器检定检修是对其技术性能及相关部件进行检查测试、维修换件、灌装药剂等一系列的技术活动，是恢复灭火器技术性能的工作，是油库安全管理需要重视的经常性工作。

(一)灭火器检定检修程序

所谓检定就是通过资料、外观检查，药剂检查、壁厚检测、水压试验等，确定其是否进行检修或报废；所谓检修就是通过对灭火器筒体、阀门(在灭火器上称为器头)的维护或换件、药剂灌装、检查测试等，恢复灭火器技术性能作业活动。干粉灭火器检定检修是一个相互联系、相互交叉的有机整体。灭火器检定检修程序见图5-10。

(二)灭火器检定检修前的检查

灭火器检定检修前的检查主要是根据灭火器检定检修的技术要求和期限，对配置在火灾危险场所和库存灭火器的技术资料、筒体贴花(包括生产厂和检修贴花)进行检查核对，对灭火器外观进行检查，确定是否需要检定检修。

1. 资料检查

资料检查主要是对灭火器生产、检定检修日期、内容进行检查、核对，确定检定项目。

2. 外观检查

灭火器外观检查主要目视检查或借助放大镜目视检查，检

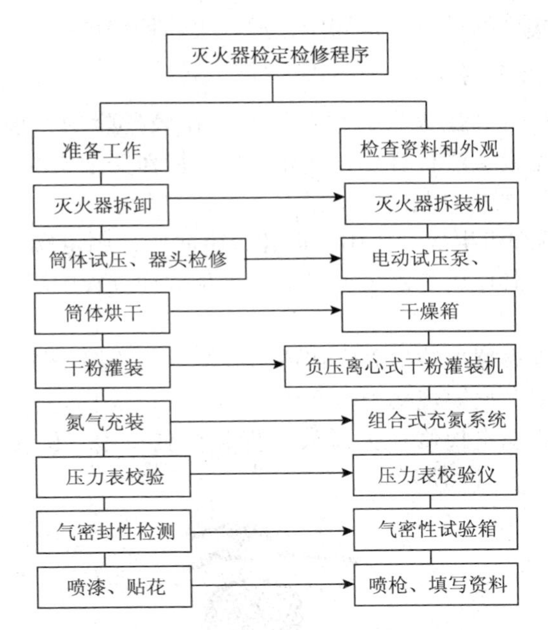

图 5-10　灭火器检定检修程序方框图

查的重点项目是：

(1)检查筒体有无明显划痕、碰伤，外表漆面有无脱落等缺陷；贴花、筒体肩部钢印是否清晰、规范、排列整齐。

(2)检查压力表指针是否在绿色区域，阀件有无松动、变形、失灵、锈蚀和损坏。

(3)检查提手(压把)、支架及车轮等是否完整好用，各部件螺栓有无松动。

(4)喷射性能检查。

①检查灭火器铅封是否完好来确认是否使用。

②检查阀门操作机构是否灵活，喷射系统有无故障。

③检查间歇喷射器和喷枪零部件是否完整，操作机构是否灵活。

(5)将灭火器来回颠倒两次凭感觉判断干粉是否结块。

(6)根据检查结果，将需要检定检修的灭火器按不同类型、规格分别集中摆放到检定场所或送灭火器检修单位。

(三)灭火器拆卸

灭火器拆卸是灭火器检定检修中比较危险的一项工作，必须使用专用设备进行拆卸，并认真执行操作安全要求。

1. 灭火器拆卸机

(1)拆卸机组成和作用。拆卸机由底座、固定端、手轮和丝杆等组成。其作用是固定灭火器，防止拆卸过程中爆炸伤人。

(2)拆卸机的使用。

①将灭火器拆装机固定在适当位置，并用销子锁紧。

②根据灭火器规格调整好档位。

③将待检定检修灭火器放在拆装机夹口中，旋转手轮将其夹紧，如图 5-11 所示。

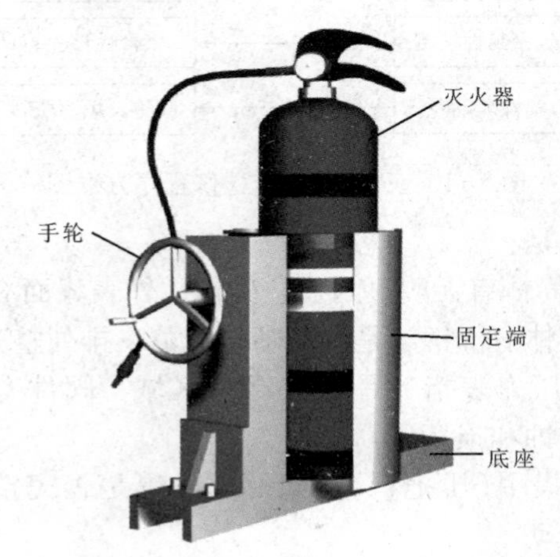

图 5-11　拆装机结构图

2. 灭火器拆卸步骤

(1)灭火器零部件组合顺序见图 5-12。

(2)灭火器拆卸操作步骤(规程)。灭火器拆卸程序见图 5-13。

①夹持灭火器。卸下喷粉管后，将灭火器夹紧在灭火器拆装机内，拉紧安全防护板。

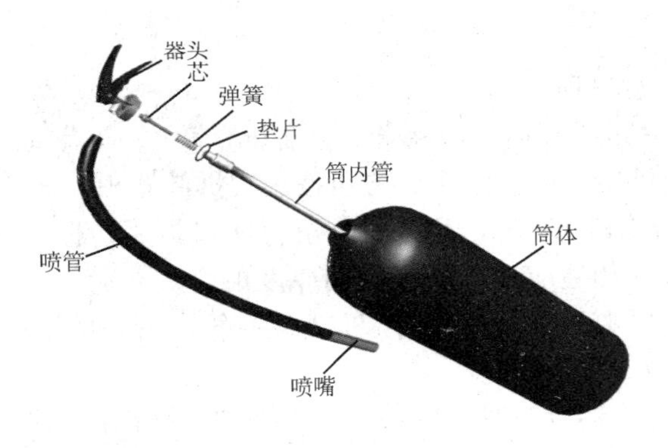

图 5-12　灭火器零部件拆卸顺序图

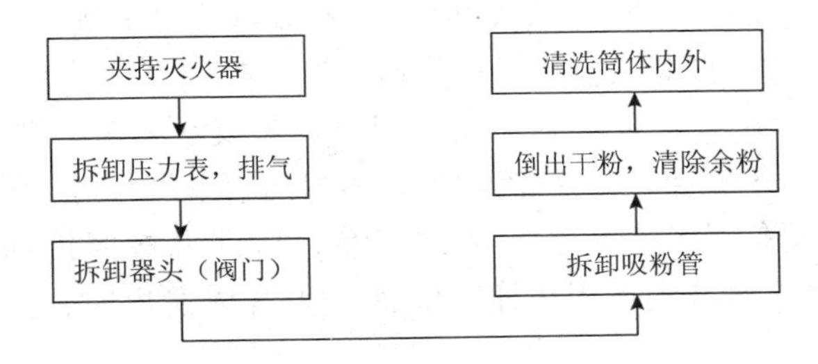

图 5-13　灭火器拆卸程序方框图

②拆卸压力表。拆卸压力表的同时，缓慢排除筒内气体。

③拆卸器头。将无气体流出声的灭火器放在拆卸机上夹紧固定，使用专用板手拧下压紧螺母，卸下器头。

拆卸时，每次拧动不得超过 1/3 圈，当灭火器有气体流出声时，应停止拆卸，待无气流声时，再继续拧动 1/3 圈，如仍有气体流出声，立即停止，待气体排尽后，方可将器头(阀门)卸下。

④拆卸灭火器的吸粉管。把灭火器的吸粉管从器头(阀门)上卸下。拧下压紧螺母，卸下弹簧、阀芯、O 形密封圈等。

⑤倒出干粉。从拆装机上将筒体拆下，并将筒内干粉倒入专用回收袋中，清除筒体内残余干粉。

⑥清洗。确认筒内无残余干粉后，用清水清洗干净筒体

内外。

3. 注意事项

(1)拆卸器头前，应将筒体(气瓶)直立、牢靠地用夹具固定在拆装机(或固定架)上，方可按规程拆卸器头。

(2)拆卸器头应使用的专业扭力凹口扳手，凹口应和器头(阀门)尺寸相适应；应备有不同厚度的金属垫片，用于填塞凹口与器头(阀门)间的间隙；凹口扳手的套管(加力杆)不应过长，一般为1.0~1.2m。

(3)灭火器拆卸时，应采用人工拆卸，严禁使用链钳、管钳等易损伤筒体、器头的工具，应牢记“无论有气与否，一律按有气对待”的安全警语。严防筒(瓶)内有未排放或未放净气体时拆卸器头，防止把器头打出或使气瓶飞行，酿成事故。

(4)拆卸器头过程中，应注意倾听有无泄气声，听到泄气声，应立即停止拆卸，待筒内气体泄尽后再继续拆卸。

(5)拆卸器头时，不得操之过急，应严格按照拆卸工艺操作，每次拧动器头不得大于1/3圈，无气体泄出时，方可继续拧动。

(6)因各生产厂家生产的灭火器其连接方式及连接螺纹差异很大，拆卸下的器头应编号，放在零件框(盘)中保管，以便检验、维修合格后装在原灭火器上。

(7)回收处理。为防止污染环境，更换下来的干粉不准随便废弃，必须回收再生使用或报废处理。

(四)灭火器筒体强度试验

1. 试验设备组成

灭火器筒体水压试验设备主要包括电动试压泵、多路式水压试验台架，并由其组成多路式水压试验系统。

2D-SY40型电动试压泵组是水压强度试验的专用设备，性能稳定、操作安全可靠、能耗低；适用于清水、乳化液和黏度不大于$45mm^2/s$的油品为工作介质的试验，使用环境温度为5~60℃。

2. 试验设备主要技术参数

(1)电动试压泵主要技术参数。电动试压泵型号为 2D－SY40 型，电压 380V，主泵是 2 缸柱塞往复泵，柱塞行程 40mm，柱塞往复频率 51 次/min。其他技术参数见表 5-3。

表 5-3　电动试压泵组主要技术参数

额定排出压力/MPa	流量/(L/h)		高压柱塞直径/mm	电动机型号/功率/kW	外形尺寸/mm
	高压	低压			
40	30	360	14	YGOS－4/1.5	360×630×1000

(2)多路式水压试验台架主要技术参数。组合式水压试验台架可同时对 5 具 8kg 灭火器筒体进行水压试验或 3 具 35kg 推车式干粉灭火器筒体进行水压试验，单个试压头最大承重 100kg，8kg 手提式干粉灭火器检测速度为 20 具/h。组合式试验台架的技术数据见表 5-4。

表 5-4　组合式水压试验台架的技术数据

项　目	测量范围/MPa	工作压力/MPa	准确度/MPa
试压泵	0～40		0.1
主管路	0～25	≥15	0.5
试压头	0～6	≥6	0.1
集散管路	0～10	≥4	0.1

3. 试验设备基本结构

(1)电动试压泵基本结构。电动试压泵由电动机、减速箱、传动箱、往复泵、高压水缸、集水器、安全阀、截止阀、压力表、放水阀、水箱等主要部件组成，见图 5-14。其作用是向灭火器筒体内补水增压，并增压到规定压力。

(2)多路式水压试验台架基本结构。多路式水压试验台架由主管路(集水管)、支管路、排气管、阀门、专用快速接头和压力表等组成，与电动试压泵组成试压工艺系统，见图 5-15。其主要作用是将灭火器筒体悬挂，将试压泵来的压力水注入筒体加压。

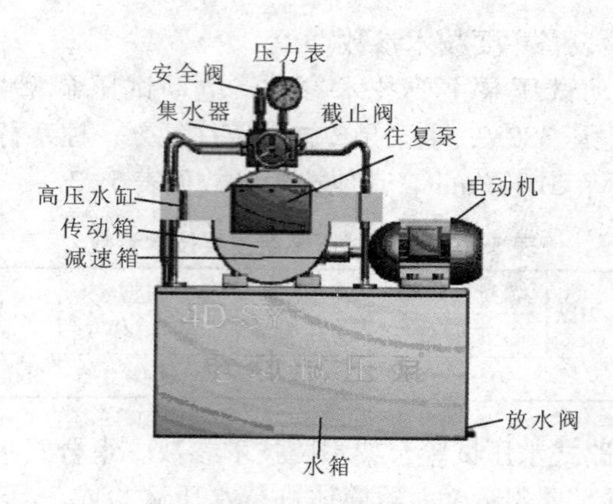

图 5-14　电动试压泵结构图

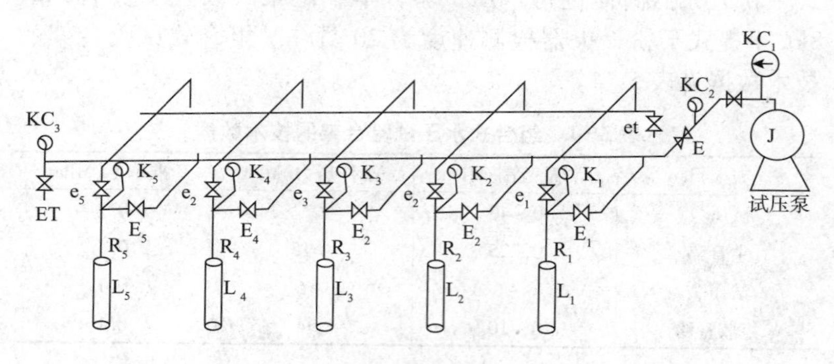

图 5-15　多路式水压试验工艺系统

$L_1 \sim L_5$—试压筒体；$R_1 \sim R_5$—专用快速接头；E—总控制阀门；
ET—放水阀门；et—排气阀门；$E_1 \sim E_5$—支管路阀门；
$e_1 \sim e_5$—排气管路阀门；$K_1 \sim K_5$—支管路压力表；
KC_1—试度压泵出口压力表；KC_2—主管路压力表；KC_3—高精度压力表

4. 电动试压泵组工作原理

如图 5-16 所示，安装在水箱上部的电动机与减速箱由联轴器连接，减速箱内蜗轮轴的转速比为 2∶55；蜗轮轴两端互成 180°的偏心轴，通过两侧传动箱内的滑块机构，将旋转运动转换成往复运动，带动 2 只高压水缸内的柱塞往复运动，高压水缸内工作容积交替发生变化，实现泵的吸入和排出。如图5-17所示，当柱塞为吸入行程时，随水缸容积的增大缸内形成真空，水箱内的工作介质在大气压的作用下，通过过滤器、进水管、进水阀门进入高压水缸内；当柱塞为排出行程时，(高压水缸)进水阀门关闭，出水阀门开启，工作介质进入集水器，再通过集水器将高压液体输送到试压筒体中。

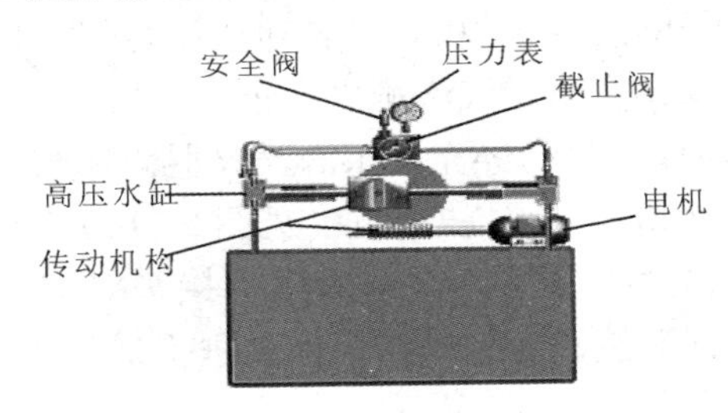

图5-16　电动试压泵组工作原理图

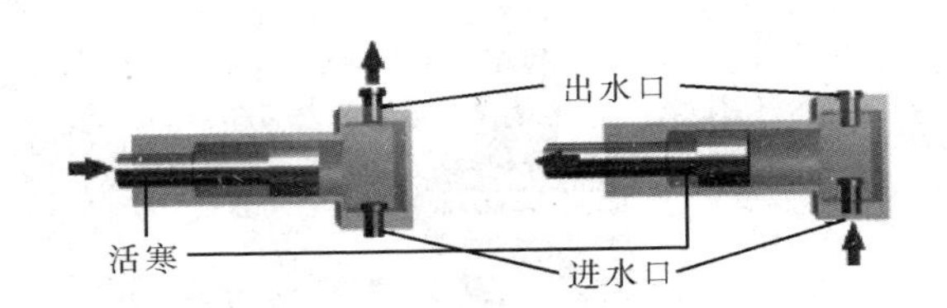

图5-17　电动试压泵柱塞工作原理图

集水器是控制泵的枢纽，起着控制、测量和保护作用。集水器设有截止阀、安全阀、放水阀，输出管接头，安装有压力表。截止阀是泵输出压力水的控制阀，当达到试验压力值时，应关闭截止阀，并停机。此时，筒体液体保持压力稳定。

5. 多路式水压试验系统操作使用

多路式水压试验系统必须按照准备工作→管路排气→安装筒体→加压试验→结束收尾的程序进行。

(1)准备工作。

①向试压泵的水箱内注入清水。

②拉出水压试验台架，插入定位销，检查管路连接情况。

③向灭火器筒体内注水。

(2)管路排气。

①主管路(集水管)排气。关闭支管路阀门 E_1 ~ E_5，打开试压泵出口阀门和主管路阀门 E，启动试压泵组，打开主管路放水阀 ET，待有水排出后，关闭主管路放水阀门 ET。再打开或关闭主管路放水阀，反复数次，确认放水阀排出的水无气泡为止。

②支管路排气。关闭主管路阀门 ET，打开支管路阀门 E_1 ~ E_5 和支管路放水阀 e_1 ~ e_5 和 et，启动试压泵组，使支管路系统反复充水、放水，直至无气泡排出为止。

(3)安装筒体。将已经充满水的灭火器筒体与试验装置快速接头连接。用移动式脚踏提升装置(见图 5-18)将灭火器筒体提升一定高度，将灭火器筒体口部的阴端接头对准水压试验台架上的阳端接头并对接，使灭火器筒体悬垂于试验架下。

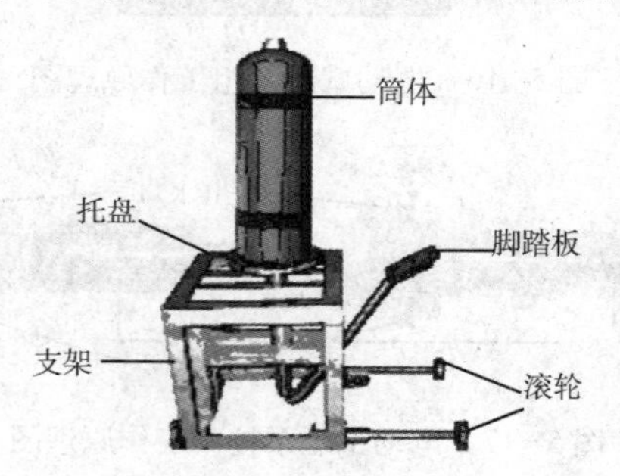

图 5-18　移动式脚踏提升装置原理图

(4)加压试验。①预加压。打开试压泵出口和主管路阀门 E，启动试压泵组，当主管路压力表值达到 8MPa 时，试压泵停止运行加压，关闭主管路阀门 E，检查是否有泄漏。若无泄漏，则继续进行下一步试验。

②试压。打开主管路阀 E 和支管路阀门 E_1 ~ E_5，使支管路筒体试验压力表(K_1 ~ K_5)值缓慢升至试验压力，关闭支管路阀门 E_1 ~ E_5，保压时间不低于 1min。筒体无泄漏、无可见变形，视为合格。若发现筒体有异常变形或渗漏，则视为不合格。

(5)结束收尾。

①保压时间到后，开启支管路阀门泄压；将灭火器筒体从试压装置上卸下。

②记录。填写“干粉灭火器试压记录”。

③电动试压泵组常见故障及排除方法如果试压不再继续进行，应把工艺管路中水排净。

6. 电动试压泵组常见故障及排除方法见表5-5。

表5-5 电动试压泵组常见故障及排除方法

故障现象	故障原因	排除方法
1. 泵压力上升太慢或者不上升	放水阀门未关闭 滤网堵塞或接头渗漏 柱塞密封圈松动或损坏 进出水阀门搁死 进出水阀门不密封	关闭 清洗或者去除污物、拧紧接头 调整压紧螺套或者更换密封圈 拆下检查、清洗或者重新研磨 重新研磨或者更换
2. 泵压力上升不均匀	一只缸进出水阀门搁死 一只缸进出水阀门密封不良 一只缸密封圈松动或者损坏	根据柱塞运动方向、表针摆动情况及响声判断故障缸，拆下清理或更换 同上判断故障缸，拆下重新研磨或者更换 同上法或观察缸座泄水孔漏水情况判断故障缸，调整压紧螺套或者更换密封圈
3. 泵的保持压力时间短或者达不到额定排出压力	集水器上的截止阀门渗漏 集水器上的放水阀门渗漏 安全阀渗漏 集水器内的止回阀或者各水缸的出水阀渗漏 接头处渗漏	关紧截止阀或者重新研磨 关紧放水阀或者重新研磨 调整弹簧松紧或者清洗密封面、重新研磨 重新研磨或者更换阀与阀座 拧紧接头或者更换密封垫圈
4. 减速箱温升太高	润滑油粘度低或者太脏 轴承装配太紧 蜗轮副啮合间隙太小	调整润滑油数量或者更换润滑油 调整轴向间隙 检查接触面斑痕，重新装配和调整涡轮位置

7. 电动试压泵操作使用注意事项及维护保养

(1)减速箱内添加齿轮油(SYB 1103—62S)，使油面达到油标上限或者稍低的位置。

(2)两侧传动箱内添加30号机械油(GB 443—64)，油面略高于十字头下部导轨面。

(3)水箱内加满洁净清水，并注意随时补充。

(4)压力表量程应相当于泵额定压力的1.5~2倍，并在三个月内要进行一次检定。

(5)筒体在与试压连接前必须充满洁净清水。

(6)开启放水阀门空载运转，若无异常响声及阻滞现象，吸排正常，方可关闭放水阀门，启动试压。

(7)减速箱中油温最高不应超过80℃。

(8)工作中发现有明显渗漏现象时应及时停泵排除。

(9)当试压泵出口压力达到或接近额定压力时，应立即停机，关闭截止阀，使泵与筒体隔断。

(10)安全阀不能当溢流阀门使用。

(11)试压泵严禁无水空转。

8. 多路式水压试验工艺系统操作使用注意事项

(1)水压机起动后，操作人员绝对不准脱离岗位，必须注视压力表和刻度水位的升降情况，发现异常现象，立即停机，查找原因，及时排除。

(2)操作人员必须认真负责，精心观察和记录试验数据。

(3)水压试验结果以一次试验为准，筒体有异常情况时不准进行二次复试，更不准进行多次试验取其平均值，因接头等不密封导致的问题可以进行第二次试验。

(4)如多路式水压试验系统发生无法继续试验的故障(管路破裂、阀门漏水、压力表爆炸或管路接头渗水等)，则应立即停止试验，修复后方可继续进行。

(5)在保持压力期间，如果试验系统无渗漏或其他缺陷，压力表压力保持不住时，可能是灭火器筒体有异常变形，应立即开启放水阀门卸压，以防筒体破裂造成伤害。卸压后，检查筒体有无局部变形，并测量其外径有无变化。

(6)在正常情况下，应缓慢开启回水阀门。

9. 电动试压泵的维护保养

(1)泵的外表、减速箱、传动箱内的润滑油和试压介质必须保持清洁，不允许有污物或杂物。

(2)新试压泵第一次使用时，工作56h后应当更换润滑油，以后每工作500h更换一次。

(3)长期停用的泵，其内部应进行防锈处理。将试压介质排净，外露零件表面涂防锈油。

(4)应经常注意泵的涡轮轴向间隙。涡杆间隙为0.04～0.07mm，涡轮为0.10mm。不符合时，应调整闷盖纸垫厚度，或者侧盖纸垫厚度。

(5)两侧传动箱添加30号机械油。

(6)使用环境温度在0℃以下时，工作介质为水的应当添加防冻剂。建议采用变性酒精水防冻剂，其配比见表5-6。

表5-6　酒精水防冻剂配比

环境温度/℃	90°变性酒精/%	清水/%
0～-10	33	67
-10～-20	45	55
-20～-30	54	46
-30～-40	70	30

(五)灭火器筒体烘干

为保证灭火器内干粉不会受潮结块，灭火器筒体水压试验后，灌装干粉前必须进行烘干处理。其设备是灭火器干燥处理的专用烘干箱。

YXD型灭火器干燥箱特点是升温快，操作简单，安全可靠。

1. 灭火器干燥箱的主要技术参数

YXD型灭火器干燥箱功率为5kW，升温时间为240℃/25min，使用温度为20～300℃，额定电压为220V/50Hz，外形尺寸为910mm×660mm×700mm，可一次对16具8kg手提式干粉灭火器或4具35kg推车式干粉灭火器进行干燥处理。

筒体烘干速度是8kg手提式干粉灭火器，30具/2h。

2. 灭火器干燥箱的基本结构

YXD型灭火器干燥箱由箱体、加热管、温度控制仪、指示灯及开关等组成。YXD型灭火器干燥箱见图5-19。

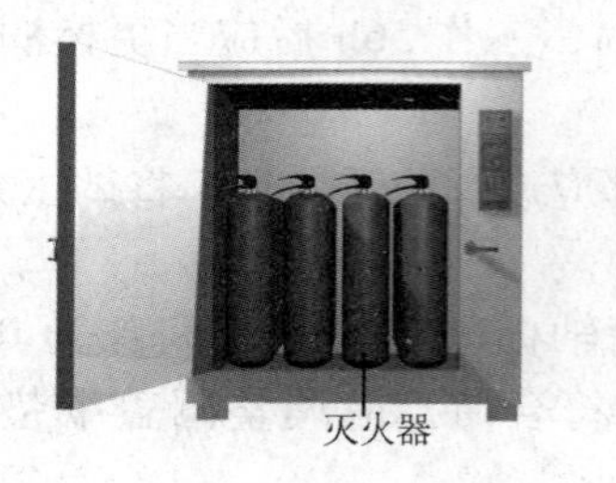

图5-19　YXD型灭火器干燥箱

3. 灭火器干燥箱的工作原理

灭火器筒体放入干燥箱内，由温度控制仪控制加热管加热到一定温度后停止加热，灭火器筒体在具有隔热保温功能的干燥箱体内进行干燥处理，直到符合要求。

YXD型灭火器干燥箱电器原理见图5-20。

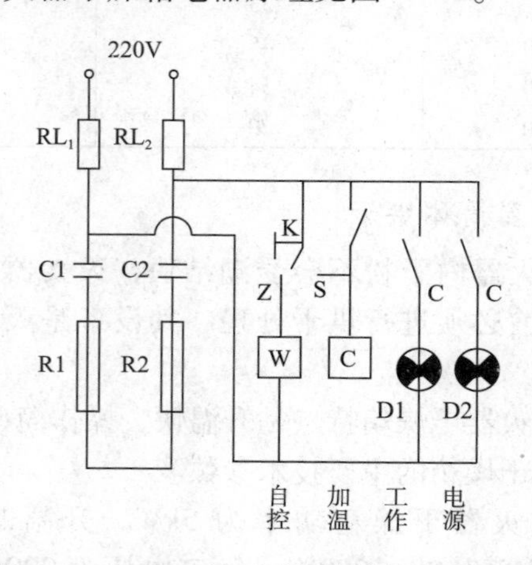

图5-20　YXD型灭火器干燥箱电器原理图

YXD 型灭火器干燥箱电器原理图中电器代号和规格型号见表 5-7。

表 5-7　YXD 型灭火器干燥箱电器代号和规格

代　号	名　称	规格型号	数量/个
RL	熔断器	RL1 -5	2
C	交流接触器	CJ10 -20	1
K	开关	JKB12 -1	1
W	温度控制仪	WMK -26	1
D	指示灯	JND -2W	2
R	电热管	JGQD	15

4. 灭火器干燥箱的操作使用

(1)接通电源，电源指示灯亮，将开关扳至自控键，温控仪自动将温度调整至所需温度。烘干新筒体时，为防止温度过高损坏漆面，一般应调至温度较低的 50℃ 档位；烘干筒体漆层已老化变色时，为加快干燥速度，提高工作效率，可调至温度较高的 80 ~100℃ 档位。

(2)按复位按钮，工作灯亮，约 25min 后工作灯熄灭，箱内达到预定温度。

(3)将待干燥的灭火器筒体放入干燥箱内进行烘烤。

(4)箱内装有热断路保护器，当温度超过 290℃ 时，热断路保护器工作，将电源切断(应尽可能避免在 290℃ 以上工作)。若继续加温需按复位按钮才能重新送电。

5. 灭火器干燥箱的常见故障及排除

YXD 型灭火器干燥箱常见故障及排除方法见表 5-8。

表 5-8　YXD 型灭火器干燥箱常见故障及排除方法

故障现象	故障原因	排除方法
1. 接通电源保险丝立即烧断	保险丝容量不符合要求	更换适当的保险丝
	电源引线短路	检查引线，排除故障
	加热器和炉体之间短路	调整加热器，排除故障
	电器线路绝缘损坏短路	检查原因予以排除

续表

故障现象	故障原因	排除方法
2. 不热或者升温慢	电源线断 加热器连接不牢 加热器烧断 接触器触点烧蚀，接触不良 调温器触点烧蚀或者接触不良	更换新线 检查接牢 更换加热器电热丝 检修触点或者更换 修理或者更换
3. 漏电	加热器封口材料损坏 加热器绝缘套管受潮	加热器重新封口或更换 将受潮部分烘干
4. 调温控制失灵	温控器旋钮与转轴条滑动 温控器触点熔接 温控器弹性接触片疲劳控制不准	将旋钮螺钉拧紧 更换温控器 更换温控器弹性接触片
5. 干燥箱升温指示灯不亮	指示灯损坏 指示灯限流电阻松脱	更换指示灯 检查后焊好
6. 干燥箱送不上电	电源电压低 漏电打火 箱内温度过高	检查电源电压 检测元件和线路是否与外壳短路 箱内温度自然降温

6. 灭火器干燥箱的维护保养及使用注意事项

(1)维护保养时，不得用水冲洗或者用过湿的抹布擦拭，以免造成电器潮湿发生故障。

(2)不得随便拆卸电器盖和两边散热器，修理拆卸后，应及时安装，以防触电。

(3)应经常擦拭，清除箱内杂质，以免发生锈蚀。

(4)长期不用时，应将其清理干净，用食用油擦拭，预防生锈，以免影响干燥箱质量和使用寿命。

(5)环境一般要求是空气相对湿度85%以下，环境温度-25~+40℃，电压不得低于额定电压的10%。

(6)箱内设有活动挂钩，可根据需要自由移动对位悬挂；从箱体内取出干燥物时，应采取隔热措施，以免烫伤；干燥箱工作时，不得用手和身体其他部位触及加热器和箱体内部。

(六)灭火器干粉灌装

以负压离心式干粉灌装机为主的干粉灌装系统，是灭火器检定检修的主要设备。其主要功能是对干粉灭火器实施定量自动灌装。

负压离心式干粉灌装系统是机电一体化设备，具有自动定量灌装、自动清扫管路、自动回收管路系统残余干粉等功能。结构紧凑，体积小、重量轻、能耗低、精度高，操作简单、使用寿命长，自动化程度高，改善了操作环境，减轻了劳动强度。

1. 干粉灌装技术参数

干粉灌装技术参数见表5-9。

表5-9 干粉灌装技术参数

电压/V	电机功率/kW	灌装精度/kg	灌装速度/(kg/min)
380	0.55	≤0.02	6~8

注：干粉灌装速度：20具/h(8kg手提式干粉灭火器)。

2. 负压离心式干粉灌装机基本结构

负压离心式干粉灌装系统由2X型真空泵、Y系列电动机、T3805型称重仪、自动控制系统、残余干粉回收系统、管道及控制阀门等组成，见图5-21。

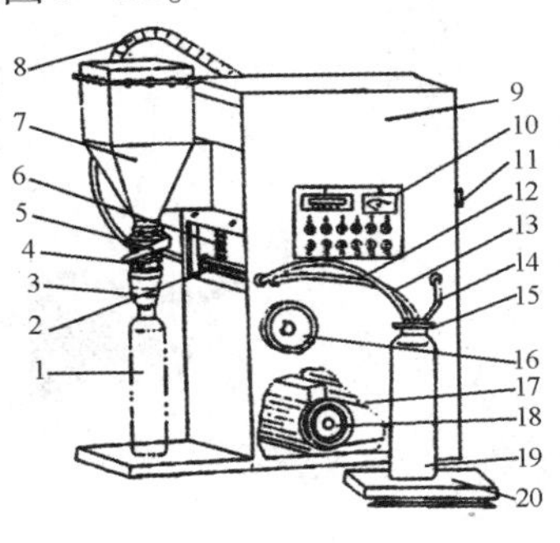

图5-21 干粉灌装机示意图

1—残留干粉回收罐；2—手动吸气阀；3—下粉口；4—可视窗；5—干粉管阀门；6—升降丝杠；7—残留干粉筒；8—总气管；9—封板；10—电器操作面板；11—电源开关(漏电保护器)；12—吸气管；13—吸粉管；14—给气管；15—灌装端盖；16—升降手轮；17—电动机；18—真空泵；19—灭火器筒体；20—电子称台

3. 负压离心式干粉灌装机工作原理

负压离心式干粉灌装机，采用喷流技术和真空技术，将干粉漏斗内干粉快速灌入筒体(见图 5-22 和图 5-23)。干粉灌装时，控制系统使 T3805 型称重仪、电动机、电磁阀等协调工作，实现干粉精确定量灌装。灌装完毕，可自动回收管路系统残余粉尘的，达到清洗管路和过滤干粉的目的。

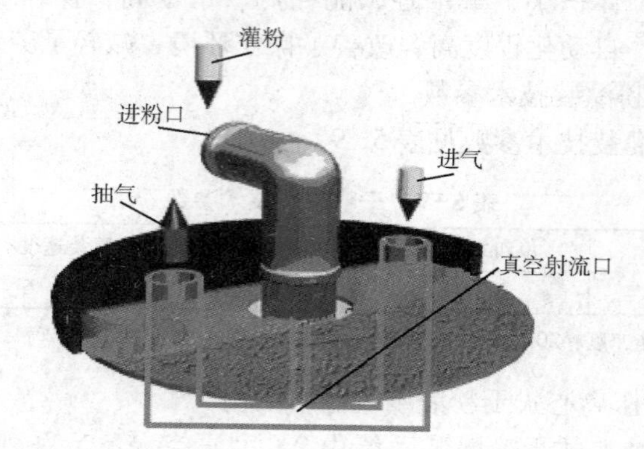

图 5-22　射流灌装干粉原理图

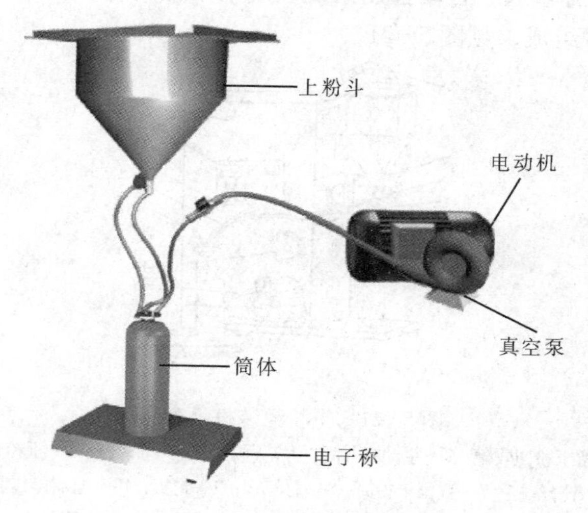

图 5-23　真空干粉灌装原理图

4. 负压离心式干粉灌装机操作使用

灭火器干粉灌装程序是前期准备、设置灌装参数和去皮(设置筒体重量)、灌装干粉、清扫残余干粉、整理资料、收尾并清理现场等步骤，见图 5-24。

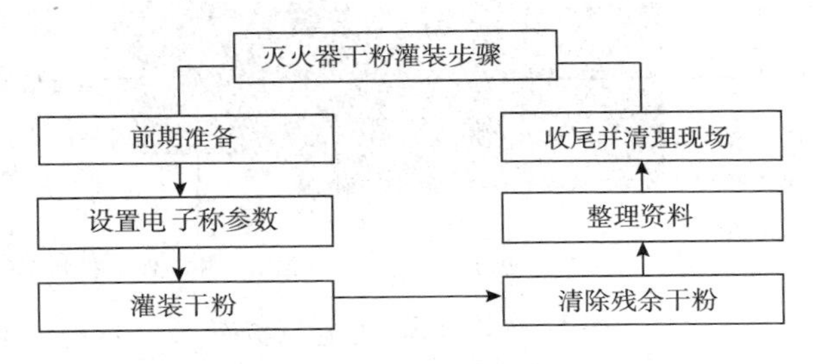

图 5-24 干粉灌装作业程序方框图

(1)前期准备。

①对设备相关部件进行全面检查，确认各部件连接牢靠。

②将袋装干粉通过干粉提升装置提升加入干粉漏斗中。

③取出电子称，放置平稳，将电子称传感器与称重显示仪连接，显示仪输出电源插座与接头连好。

④接通干粉灌装机电源，检查电路情况。

⑤调试电机转向。在空载情况下，启动真空泵电动机，确认电机转动方向和机体所标箭头方向一致(若不一致，搬动相序调节开关换向)；然后安装电动机与真空泵间的传动三角皮带。

(2)设置电子称参数。

①接通显示仪电源，电子称进入自检，仪表自动捕捉零位。电子称自检时，称台上不得放置任何物品，捕捉零位前不得按控制仪表键位。

②设置电子称重量参数。电子称操作面板见图 5-25。

a. 按电子台称上的设置(净重/毛重)键，显示“——”。

b. 按数(峰值测试)键，则显示“d××××××”(为任意数，下同)。

c. 连续按五次设置(净重/毛重)键，则依次出现“t××××

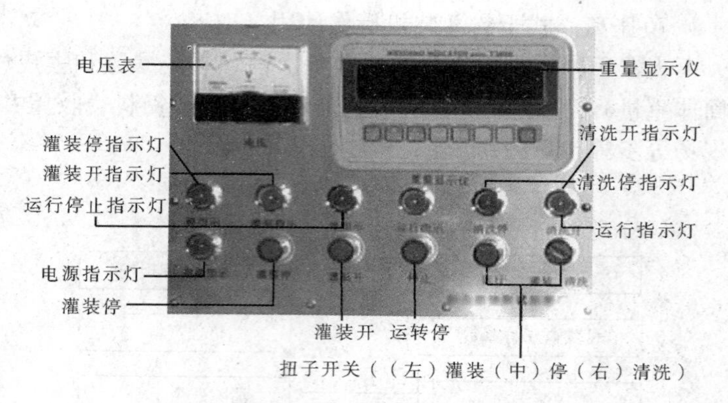

图 5-25 灌装干粉控制板面

×”、“c×××××”、“n×××××”、“p×××××”，“H×××××”。当出现“H×××××”时，按置数(峰值测试)键“×××××”。

d. 连续按设置键(净重/毛重)。如设置 3.850，分别按 3.850 的数字键，当末位数分别显示“3”、“8”、“5”、“0”时，每出现一个数字应迅速按数(峰值测试)键确认设置结果。

(3)设置筒体重量(去皮)。将待灌装容器放在电子台称上，放好灌装干粉端板，当稳定指示灯亮时，按电子台称上的自动/去皮键，显示器归零，筒体重量设置完成。若再按自动/去皮键，则又回到筒体的重量未设置(未去皮)状态。

(4)灌装干粉。

①检查被灌装灭火器筒体上的口和下粉口对好不漏气，打开灌装干粉管上的阀门。

②按开机运行按钮，开启真空泵，按灌装开关按钮，灌装漏斗内干粉通过灌装干粉管吸入筒体。当灌装到设定值时，重量显示仪发出信号，气源自动关闭，灌装自动停止。若再灌装第二具，应重新设置电子称参数，重复前面的操作。

(5)清除残余干粉。为保持过滤器、干粉管路畅通，一般要求每批干粉灌装作业结束后，应进行一次残余干粉清扫，其操作业步骤是：

①当清除过滤器、干粉管中的残留干粉时，将残余干粉回收罐1放在灌装台上，上口和下粉口对好。

②把干粉管阀门打开，手动吸气阀门关闭，将（开关扳上）扭子开关扳至清洗位置（左），启动真空泵，此时换向阀门在控制器的作用下，使过滤器自动反复吸气、放气，将残留粉尘清除。清扫后，关闭干粉管阀门，手动吸气阀打开，干粉灌装机进入灌装状态。

（6）整理资料和收尾工作。

①记录灌装作业情况和有关数据。

②关闭电源，放出残余干粉，回收残余干粉，拆下电机三角皮带。将电子称、干粉盖板等放置原位，清理现场。

5. 负压离心式干粉灌装系统常见故障及排除

负压离心式干粉灌装系统常见故障及排除见表5-10。

表5-10　负压离心式干粉灌装系统常见故障及排除

故障现象	故障原因	排除方法
1. 开机后电动机不转	漏电保护器断开	检查是否漏电，排除后接通
	熔断器断开	更换
	热继电器断开	检查是否损坏，按复位钮复位
	接触器损坏	修复或更换
	控制线路断开	正确连接好
2. 开机后吸气管不吸气	管道及接头处漏气	排除
	灌粉盖板未放好	安装好
	吸气电磁阀未打开	排除故障
	手动阀门未开启	打开
3. 开机后吸粉中断	吸粉管堵塞	拨下吸管，倒出管内干粉
	吸粉漏气	排除
4. 工作中过滤器明显有粉排出	过滤器损坏泄漏 此时应检查二次过滤器	更换
5. 启动电动机后自动部分不工作	接触器损坏	更换或修复
	时间继电器损坏	更换或修复

6. 负压离心式干粉灌装系统维护保养及注意事项

(1)使用500h应检查过滤器是否堵塞或损坏。

(2)经常检查真空泵内的油面，使其保持在视镜的两条线中间。

(3)真空泵工作3~6个月后，应更换真空油。

(4)电子称等电子设备工作前必须先进行可靠接地。

(5)干粉中不允许有杂物，如发现有应及时清除。

(6)干粉灌装机不允许灌装含水率高、腐蚀性强的不合格干粉。

(7)检定检修期间，为防止储存箱内干粉受潮，尽量避免长时间将储存箱门打开。

(8)发现干粉明显受潮、结块后，要及时烘干或更换。

(9)在检修车设计计算中，考虑了残留干粉回收因素。检修灭火器期间，为防止污染环境，需更换的干粉不准随便废弃，必须回收入袋并装至检定检修车干粉储存箱内，运回统一处理。

(七)灭火器充装氮气

多瓶组合式充氮系统是向灭火器筒体内填充氮气的专用设备，其功能是对干粉灭火器填充氮气，为校验系统、喷漆系统、吹扫系统提供驱动气源。

多瓶组合式充氮系统主要特点是安全可靠、操作简便、计量精确、工作效率高。

1. 多瓶组合式充氮系统主要技术参数

(1)多瓶组合式充氮系统工作电压220V。

(2)氮气瓶数量6具(15MPa，40L)，氮气瓶工作压力15MPa。

(3)高压系统压力(集散管路)≥15MPa；低压管路系统压力≥3MPa；喷漆系统压力0.3~0.4MPa。

(4)减压器型号YQY-08型，最大输入压力15MPa，最大输出(减压)压力2MPa，流量50Nm^3/h。

(5)压力表精度0.1MPa。

(6)灭火器氮气填充速度30具/h(8kg手提式干粉灭火器)。

2. 多瓶组合式充氮系统基本结构

多瓶组合式充氮系统由6只40L氮气储气瓶组、工艺管路、充气控制系统、多功能充氮枪、灭火器专用压力表校验仪等设备组成，见图5-26。

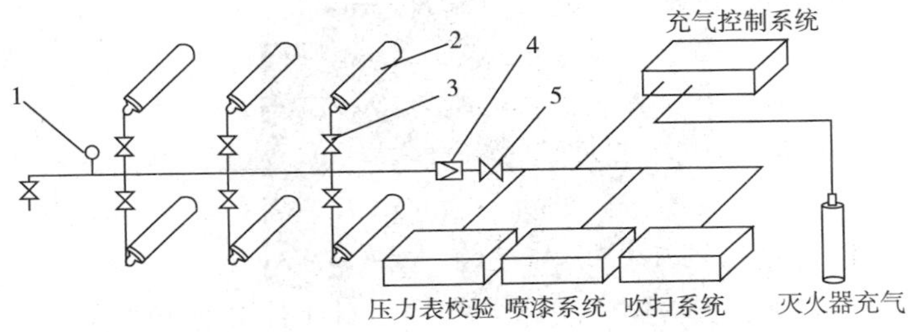

图5-26　多瓶组合式充氮系统工艺流程图

1—压力表；2—氮气瓶；3—支管路阀门；4—减压阀；5—主管路阀门

3. 多瓶组合式充氮系统工作原理

将高压氮气钢瓶通过高压管路和减压阀连接，减压阀通过低压管路和充气控制系统连接，充气控制系统通过管路和各功能点连接。使用时打开高压气瓶开关和相关阀门，充气控制系统面板压力表显示数字，调节气源钢瓶上的减压阀使进气压力显示规定值(一般调至高于被充钢瓶额定压力的0.2~0.5MPa)。根据各功能点用气所需压力，设定电接点压力表的压力，打开开关，电磁阀自动开启充气，当充气压力达到电接点压力表上设定值时，电接点压力表发出信号，通过自动控制系统将电磁阀关闭，完成充气作业，见图5-27。

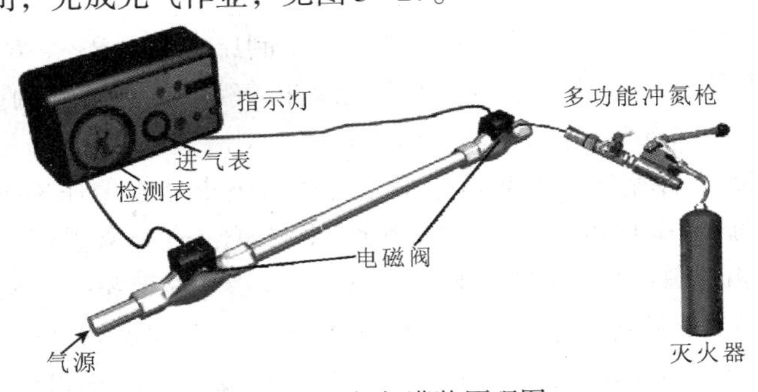

图5-27　氮气灌装原理图

4. 多瓶组合式充氮系统操作使用

图 5-28 是多瓶组合式充氮系统充气控制系统面板。

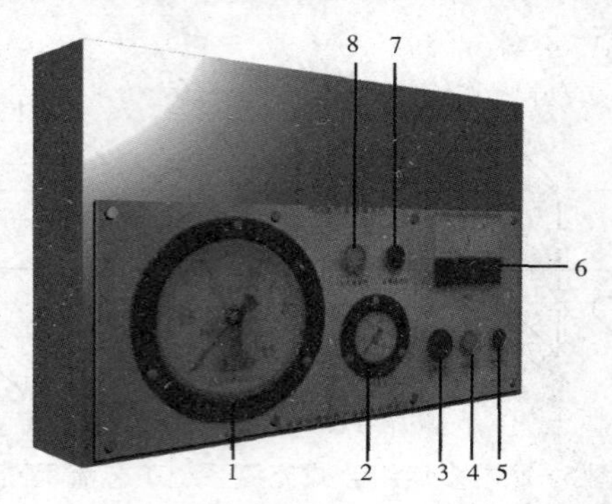

图 5-28　多瓶组合式充氮系统充气控制系统面板图

1—电接点压力表；2—进气压力表；3—电源开关；4—充气开；5—充气关；6—电压表；7—电源指示灯；8—充气指示灯

(1)接通电源。用钥匙开启电源开关 3，电源指示灯 7 亮，表示设备电源接通。

(2)调整减压阀。将氮气瓶上的减压阀调至高于待充气灭火器额定压力，如干粉灭火器所需氮气压力为 1.2～1.5MPa，氮气瓶减压调至 1.7～2.0MPa。

①打开气源开关和阀门，调节氮气瓶上的减压阀，并观察面板上的进气压力表，使压力表指示值为规定值，即 1.7～2.0MPa。

②用于校验压力表提供气源时，控制压力为 1.2～1.6MPa。

③用于灭火器喷涂油漆的喷枪提供气源时，控制工作压力为 0.3～0.4MPa。

(3)预置充气压力数值。根据待充气灭火器规定压力值，用螺丝刀调整电接点压力表的压力臂(上升/闭合)至所需压力值。

(4)充气。将灭火器用夹具固定，多功能充氮枪和灭火器连接，然后按下充气开 4，机内电磁阀打开，充气指示灯亮，气体开始进入灭火器。电接点压力表指针缓缓移动，移到设定值时，电磁阀自动关闭，充气指示灯熄灭，充气完毕后，取下筒体上的多功能充氮枪，调换另一只待充气灭火器，继续充气。

(5)收尾。工作结束后，用钥匙将电源总开关关闭，同时将阀门和氮气瓶上减压阀关闭。

5. 多瓶组合式充氮系统维护保养及故障排除

(1)应定期进行检查、维护保养。

(2)当电源无法接通时，应打开机柜后门检查漏电保护开关是否跳闸，或者用摇表检查220V电源线的绝缘电阻是否小于10MΩ，查出并排除故障。

(3)由于管道气体压力大，如发现泄漏，应立即关闭阀门，排空气体，进行处理。

(4)氮气瓶不得撞击，不得靠近热源，不得受日光曝晒，与明火距离不小于10m；瓶嘴和瓶身严禁沾染油脂，瓶帽要随时装上，以保护瓶阀。瓶内气体压力不得超过规定工作压力。气瓶的瓶阀冻结时，严禁用火烘烤。瓶内气体不能全部用尽，应保留不小于0.05MPa的剩余压力。

(5)压力表量程应为工作压力的1.5～2倍，并在三个月内要进行一次检定。

(6)使用前应确认减压器、气瓶阀未被油脂污染，螺纹无损坏，无杂物存在。否则，必须请专业人员给予清除。发现减压器或配套压力表损坏或出现异常现象时应立即请专业人员进行修理，减压器在一年内要进行一次检定。使用减压器时应严格执行国家质量监督检验检疫总局颁发的《气瓶安全监察规定(2015)》。

(八)灭火器压力表校验仪

灭火器压力表是指示灭火器筒体内压力的专用压力表，其显示压力是判断灭火器筒体内部驱动气体压力是否达到要求的主要依据。灭火器压力校验仪是灭火器压力表校验的专用设备。

校验仪主要特点是安全可靠、操作简便、校验速度快，精度高。

1. 主要参数

灭火器压力校验仪型号 XBY 型，工作电压 220V，可同时对 8 只灭火器压力表进行校验。

2. 基本结构

灭火器压力表校验仪由检测表、进气表、减压阀、指示灯等组成，见图 5-29。

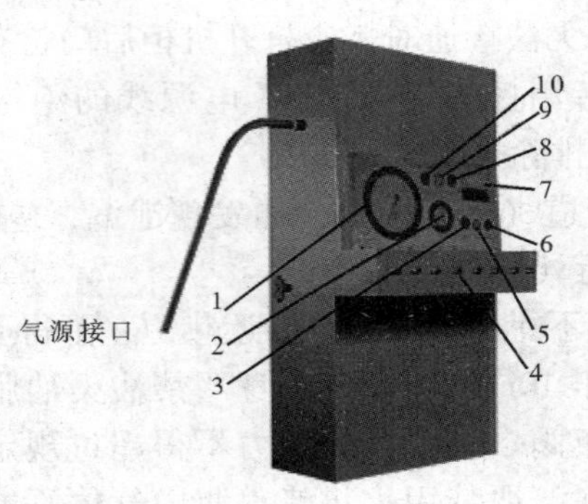

图 5-29 灭火器压力表校验仪

1—检测表；2—进气表；3—电源开关；4—被测仪表接口；5—校表按钮；6—卸压按钮；7—电压表；8—卸压指示灯；9—校表指示灯；10—电源指示灯

3. 工作原理

图 5-30 为灭火器压力表校验仪的工作原理图，通过输气管路将高压氮气瓶与减压阀、检测表、进气表、阀门等与校验表连接，调整减压阀进气压力为设定值，打开进气阀，使管道内气体压力达到设定值(通过进气表观察)，将检测表和校验表进行比较，确定灭火器压力表是否合格。灭火器压力表与检测表显示值基本一致为合格，否则为不合格。

4. 操作使用

如上面图 5-29 所示，灭火器压力表校验仪的操作步骤如下。

(1)接通电源，打开电源开关 3，检查电压表 7 的显示电源电压是否为 220V。

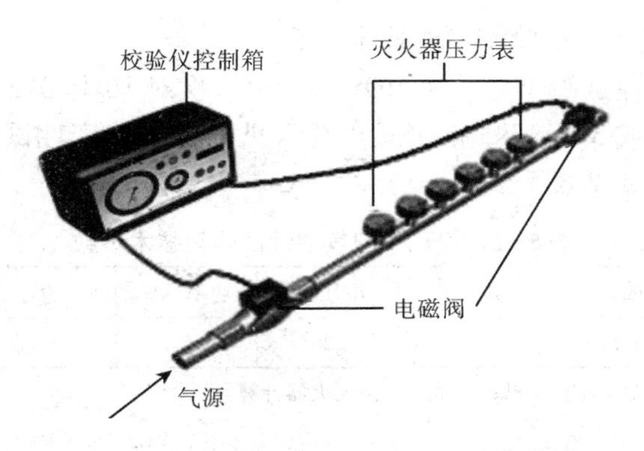

图 5-30　灭火器压力表校验仪工作原理图

(2)将待校验压力表安装在检测台的被测仪表口 4 上。

(3)将气源通过减压阀与校验仪进气口连接，打开气源调节至被校验表的规定压力，打开阀门，检测表显示气源压力。

(4)按下校表按钮 5，则进气表和校验表上都显示压力值。通过检测表与进气表的比较，确定校验表合格或者不合格。

(5)按下卸压按钮 6，放掉被校验表内的气体，将其卸下。

5. 维护保养及故障排除

(1)校验仪应定期检查维护。

(2)当电源无法接通时，应打开校验仪后门，检查漏电保护器是否动作，如有故障应及时排除。

(3)校验仪外壳体已有接地措施，平时注意检查，防止损坏。

(4)不允许有漏气现象，如有漏气现象，应及时检查处理。

(九)灭火器气密性检测

气密性试验箱是用于检查干粉灭火器气密性的专用设备。干粉灭火器充填氮气后，必须对其严密性进行检查，以确保灭火器在役期间的技术性能。

MQS 型气密性试验箱可根据作业要求对试验用水实施自动加热，能保证在气温较低的情况下全天候工作。其特点是结构简单、操作简便、效率高。

1. 气密性试验箱主要技术参数

气密性试验箱型号为 MQS 型，可一次对 16 具 8kg 手提式干粉灭火器或 3 具 35kg 推车式干粉灭火器进行气密性试验。其主要技术参数见表 5-11。

表 5-11 MQS 型气密性试验箱技术参数

体积/mm	质量/kg	电压/V	功率/kW	试验速度/(具/h)
1050×810×100	40	220	5	16

注：气密性试验速度以 8kg 手提式干粉灭火器计算。

2. 气密性试验箱基本结构

MQS 型气密性试验箱由箱体、加热器、温度控制系统等组成，见图 5-31。

图 5-31 MQS 型气密性试验箱及温度控制箱

3. 气密性试验箱工作原理

利用水箱中水浸没灭火器，观察是否产生气泡，从而确定是否漏气。若水温低于 5℃时，应对其加热，由温度控制系统控制试验用水加热到一定温度后，停止加热；具体温度值可设定并由仪表显示出来。

MQS 型气密性试验箱电器原理图见图 5-32。

4. 气密性试验箱操作使用

温度控制系统操作面板见图 5-33。

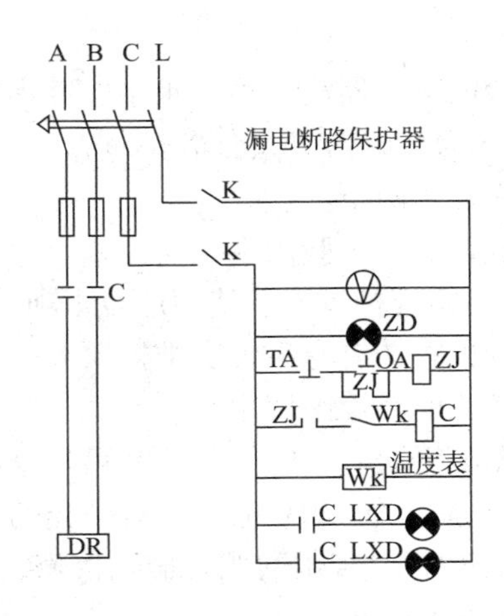

图 5-32　MQS 型气密性试验箱电器原理图

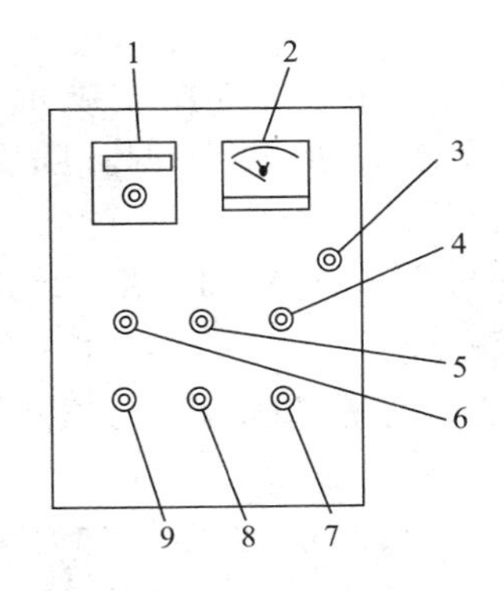

图 5-33　温度控制系统操作面板

1—温度表；2—电压表；3—门开关；4—停止指示灯；5—加热指示灯；
6—电源指示灯；7—加热停止开关；8—加热开始开关；9—电源控制开关

(1)将清水加入气密性试验箱内。若水温度低于5℃时，应进行加热。将温度表 1 调至所需温度；用钥匙打开电源控制开关9，电源指示灯 6 亮，电压表 2 显示电压，设备总电源接通；开启加热开始开关8，加热指示灯 5 亮，设备开始工作；当温度达到设定值时，加热自动停止。设备电路采用零压保护，当断电或失压时，加热自动停止；要继续加热应重新打开加热开始开关8。

(2)将待检验的灭火器浸入箱内水中，并停留一定时间，如无气泡冒出，则认为气密性试验合格。

(3)取出灭火器，晾干。

(4)结束作业，放出试验用水。

5. 气密性试验箱维护保养及使用注意事项

(1)定期进行检查，有专人负责维护保养。

(2)在干燥通风的环境中使用。

(3)当电源无法接通时，应打开控制箱检查漏电保护开关是否跳闸，如跳闸，应检查220V电源线对外壳的绝缘电阻是否小于10MΩ(用摇表检测)，查出问题并排除故障，方可继续使用。

(十)灭火器喷漆贴花

1. 喷漆

喷漆系统主要由快速接头、风管、喷枪等组成。驱动气体由多瓶组合式充氮系统提供气源。喷漆系统工作压力0.3~0.4MPa。

(1)将硝基漆和与稀释剂(X-1、X-2)按1.5~2的比例混合搅拌均匀，过滤备用。

(2)将被修补的表面清理干净，并进行彻底除锈，喷涂油漆。

(3)喷涂时，环境温度应在15~25℃，相对湿度不大于70%，喷枪压力在0.3~0.4MPa，距被修补面为0.15~0.3m范围内。

(4)操作时，喷涂方向应尽量垂直于物体表面，每一喷涂幅度的边缘应在已喷好的边缘上重叠1/2~1/3。

(5)每次作业完毕后，应用稀释剂清理干净喷枪及漆盒。

(6)油漆及稀释剂应远离火源。

2. 贴花

灭火器检定检修后必须粘贴维修合格证，通常称为贴花。其内容包括维修单位名称、维修日期、有效期限、年月日、联系电话等。粘贴时不得覆盖灭火器上原有贴花。

维修合格证的要求是：

(1)维修合格证尺寸大小建议为：50mm×80mm。

(2)维修合格证材料应使用防水材料，并能牢固粘贴于灭火器筒身表面。

(3)维修合格证应有银光及防伪标识。

四、灭火器的检查周期和内容

(一)日常检查内容

(1)外观是否整洁，漆层是否完好。

(2)检查并疏通喷嘴，使之通畅。

(3)检查阀门有无泄漏与锈蚀(死)现象。

(4)检查支架、车轮是否完整好用，各部螺栓有无松动。

(5)检查存放地点温变、湿度是否合格。其中泡沫灭火器-7~30℃，干粉-10~45℃，二氧化碳灭火器不大于42℃。

(二)定期检查

(1)灭火器每次使用后，必须送到已取得维修许可证的维修单位(以下简称维修单位)检查，更换已损件，重新充装灭火剂和驱动气体。

(2)灭火器不论已经使用过还是未经使用，距出厂的年月已达规定期限时，必须送维修单位进行水压试验检查。

①手提式和推车式二氧化碳灭火器期满五年，以后每隔两年，必须进行水压试验等检查。

②手提式和推车式机械泡沫灭火器、手提式清水灭火器期满三年，以后每隔两年，必须进行水压试验检查。

③手提式和推车式化学泡沫灭火器、手提式酸碱灭火器期满两年，以后每隔一年，必须进行水压试验检查。

(3)外观检查发现达到报废条件所列情况的必须作废品处理。

五、油库常用灭火器的维护、保养和检查

（一）MP 型手提式泡沫灭火器

（1）装药一年后，必须检验药液的发泡倍数和持久性等是否符合规定的技术要求。检验方法是将灭火器内酸性药液取出 7.5mL，倒入 500mL 量筒内；再取出碱性药液 33mL，迅速倒入量筒。计算其产生泡沫的体积是否为两种溶液总量的 8 倍（320mL 以上）；泡沫的持久性是否在 30min 后消失量不大于 50%；如低于以上规定，应重新更换药剂。

（2）检查存放地点的环境温度是否在 -8 ~ 45℃之间。超过 45℃能使筒内碳酸氢钠分解出二氧化碳而失效；低于 -8℃易产生冰冻。

（3）经常检查喷嘴口是否畅通。

（4）检查筒身有无腐蚀或泄漏。

（二）MP 型手推车式泡沫灭火器

MP 型手推车式泡沫灭火器除与 MP 型手提式泡沫灭火器检查要求相同外，还应注意以下两点：

（1）在车、船行驶过程中，由于颠簸和震动有无药液渗出现象。

（2）瓶盖机构在向上扳起后，中轴是否能正常弹出。

（三）MTP 型推车式泡沫灭火器

（1）检查灭火器存放地点气温是否在 0 ~ 45℃之间，以防气温过低冻结或气温高而引起药剂分解。

（2）每月检查一次喷枪、胶管、滤器及安全阀有无阻塞，瓶口是否盖紧，胶管是否老化，推车是否转动灵活。并应注意筒身是否有锈蚀腐烂，筒盖螺母是否旋紧，有无滑丝。

（3）每年应检查药剂两次。检验方法，见 MP 型手提式泡沫灭火器。

（四）MF 型手提式干粉灭火器

（1）检查存放环境的温度是否在 -10 ~ 45℃范围内。

（2）每年检查一次二氧化碳的存气量。检查方法：将钢瓶拧下（切勿将铜阀体与钢瓶脱离，以免造成危险）进行称量，称量后所得质量减去钢瓶皮重，即为瓶内二氧化碳气体的质量（g）。如 MF1kg、MF2kg、MF4kg、MF8kg 干粉灭火器的二氧化碳分别少于 259g、509g、100g、200g 的充气量时，应即充装新气。

（3）检查器头内穿针及活动部件是否灵活。

（4）应存放在干燥的环境中。每年检查一次干粉是否有结块现象，若有结块需及时更换。

（5）存放地点应阴凉通风，不能置于日光下曝晒或强辐射热下烘烤，以防二氧化碳气因温度升高而膨胀，造成漏气。

（6）检查出粉管、进气管、喷管有无粉块堵塞，出粉管上防潮堵内薄膜有无破裂。

（7）检查穿针是否位于器头正确位置。器头螺母是否拧紧，以免漏气造成干粉结块。

（五）MFT 型推车式干粉灭火器

（1）检查存放环境的温度是否在 -10 ~ 45℃范围内。

（2）经常检查二氧化碳气的质量，其方法与 MF 型干粉灭火器相同。如果发现质量减少 1/10 时，应立即加足。

（3）检查拖曳转动部位是否转动正常。

（4）检查干粉有无结块现象，如发现有结块，须立即更换。

（5）检查安全阀装置是否正常。如发现故障，应立即修理，待修整完好后方能使用。

（6）经常检查各种密封部位是否严密。

（六）MT 型手轮式二氧化碳灭火器

（1）每隔三个月检查一次质量，如称量后发现二氧化碳质量减少 1/10 时，应查明原因，加足气体。

（2）存放地点温度不得超过 42℃，且不能接近热源，防止因温度升高，内压加大，使安全膜破裂而失效。

六、常用灭火器的故障及排除方法

(一)泡沫灭火器的故障及排除方法

泡沫灭火器的故障及排除方法见表 5-12。

表 5-12 泡沫灭火器的故障及排除方法

故障类型	故障原因	排除方法
1. MPZ 型灭火器瓶盖打不开，MPT 型灭火器瓶盖或喷射系统旋塞打不开	(1)升启机构零部件锈蚀 (2)有杂物卡阻或操作机构腐蚀	(1)拆卸清洗或更换零部件 (2)拆卸清洗
2. 灭火器颠倒或卧置后不喷射泡沫	(1) MPZ 型或 MPT 型灭火器瓶盖未打开 (2) MPT 型火火器喷射系统旋塞阀未打开 (3)喷嘴或喷射系统堵塞 (4)灭火器未装药剂	(1)打开瓶盖，开启机构 (2)打开旋塞阀 (3)清理喷嘴或喷射系统 (4)按规定灌装
3. 灭火器颠倒或卧置后不喷射泡沫，只冒液	(1) MPZ 型或 MPT 型灭火器瓶盖未打开，而喷射系统旋塞阀已打开 (2)喷嘴和喷射系统有堵物，外界脏物堵塞或灭火剂未全部溶解，有小结块或药液内杂物太多 (3)灭火剂装错，内外药容器同装一种药剂或少装一种药剂	(1)使用时先打开瓶盖再打开旋塞阀 (2)清理喷嘴和喷射系统或重新换装灭火剂并清理喷嘴和喷射系统 (3)重新换装灭火剂
4. 灭火剂喷射强度不够或喷时距离太近	(1)喷射系统有堵物	(1)清理喷嘴和喷射系统或重新换装灭火剂，并清理喷嘴和喷射系统

续表

故障类型	故障原因	排除方法
4. 灭火剂喷射强度不够或喷时距离太近	(2)灭火剂质量差 (3)灭火剂失效 (4)灭火器内外药剂装反 (5)灭火器药剂配比浓度不合要求 (6)灭火器药剂未全部溶解 (7)灭火剂因筒体泄漏剂量不足 (8)MPZ 型灭火器瓶盖水开启到最大状态，MPT 型灭火器瓶盖或喷射系统旋塞阀未开启到最大状态	(2)重新换装灭火剂 (3)重新换装灭火剂 (4)按规定重新换装灭火剂 (5)按规定重新换装灭火剂 (6)按规定重新换装灭火剂 (7)检查灭火器，泄漏者报废；检修更换密封圈 (8)应开启到最大状态
5. 喷射时间过长	(1)MPZ 型灭火器瓶盖未开启到最大状态，MPT 灭火火器瓶盖或喷射系统旋塞阀未开启到最大状态 (2)灭火剂内药或外药液加水量过多 (3)喷嘴孔过小 (4)喷嘴或喷射系统有堵物	(1)应开启到最大状态 (2)重新换装灭火剂 (3)更换喷嘴 (4)清理喷嘴或喷射系统
6. 喷射滞后时间过长	(1)喷嘴或喷射系统有堵物 (2)MPZ 型或 MPT 型灭火器瓶盖未开启到最大状态	(1)清理喷嘴或喷射系统 (2)应开启到最大限度状态
7. 喷射剩余率过大	(1)喷嘴或喷射系统有堵物 (2)灭火剂质量差或灭火药液配比浓度不合要求 (3)灭火剂未完全溶解，有小结块 (4)MPZ 型灭火器瓶盖未开启到最大状态，MPT 型灭火器瓶盖或喷射系统旋塞阀未打开到最大状态	(1)清理喷嘴或喷射系统 (2)重新换装灭火剂 (3)重新换装灭火剂 (4)应开启到最大状态

(二)二氧化碳灭火器故障及排除方法

二氧化碳灭火器故障及排除方法见表5-13。

表5-13　二氧化碳灭火器故障及排除方法

故障类型	故障原因	排除方法
1. 操作阀门打不开	(1)阀门的压杆锈蚀或卡阻 (2)压杆过短或变形 (3)压把或阀芯变形 (4)压把连接铆钉脱落 (5)推车式灭火器启闭机构锈蚀或卡阻 (6)推车式灭火器启闭手轮残损或手轮与螺杆连接的方式不配合	(1)检修或更换阀门 (2)更换压杆 (3)更换压把或阀芯 (4)重新铆接 (5)检修 (6)检修或更换配件
2. 阀门打开而无灭火剂喷出	(1)灭火器铅封已损脱、误动或已开启过，瓶空 (2)安全保护装置泄漏或安全膜片已爆破，瓶空 (3)阀门与钢瓶连接处泄漏，瓶空 (4)阀门密封垫片变形、老化，密封面腐蚀，密封面有划痕，或密封面间有杂物造成泄漏，瓶空 (5)钢瓶体(多为底部)泄漏或因使用期过长腐蚀，瓶空 (6)喷道严重锈蚀堵塞 (7)阀门零部件有沙眼，气孔造成泄漏，瓶空	(1)检修、重充灭火剂 (2)检修或更换安全膜片 (3)检修或更换密封填料 (4)检修或更换阀门有关零件 (5)钢瓶报废 (6)检修或更换有关零部件 (7)更换有关零件
3. 灭火器喷射强度不够	(1)阀门未开到最大开启状态 (2)阀门装配不符合要求，操作时达不到最大开启状态 (3)喷道有堵物 (4)灭火器充气不足 (5)灭火器有微量泄漏	(1)阀门应开启到最大开启状态 (2)检修并重新装配阀门 (3)清理喷道或钢瓶内部杂物 (4)检查后重充 (5)检查后重充

续表

故障类型	故障原因	排除方法
3. 灭火器喷射强度不够	(6)安全保护装置泄漏 (7)阀门与钢瓶连接处泄漏 (8)阀门密封垫片变形，老化或阀口密封面腐蚀、划痕或垫片与密封面之间有杂物，造成泄漏 (9)钢瓶体微量泄漏 (10)阀门零部件有砂眼，气孔 (11)灭火器使用方法不对，灭火器使用时卧置或颠倒 (12)虹吸管脱落，变形或长度不够	(6)检修 (7)检修或更换密封填料 (8)检修或更换阀门有关零件 (9)钢瓶报废 (10)更换零件 (11)灭火器应直立向上 (12)检修或更换虹吸管
4. 喷射时间过长	(1)阀门设计不合理 (2)喷道有堵物 (3)喷管过长	(1)重新设计阀门 (2)清理喷道或钢瓶内的杂物 (3)按标准规定确定喷管长度
5. 喷射剩余率过大	虹吸管过短或变形	更换虹吸管
6. 喷射时阀门分漏气伤手	密封圈损坏或装配不符合要求	更换密封圈或重新装配
7. 喷射时阀门与喷管连接部分泄漏	圈损坏或装配不符合要求	更换密封圈或重新装配
8. 灭火器灭不了火	(1)灭火器喷射强度不够 (2)灭火器数量不够 (3)灭火器不适用于灭火对象 (4)灭火方法不对 (5)灭火剂质量差，灭火性能不好 (6)火势过大	(1)与已介绍的排除方法相同 (2)增加灭火器数量 (3)更换适用的灭火方法 (4)采用正确的灭火方法 (5)更换灭火剂 (6)增加灭火器数量

（三）干粉灭火器故障及排除方法

干粉灭火器故障及排除方法，见表5－14。

表5－14　干粉灭火器故障及排除方法

故障类型	故障原因	排除方法
1. 灭火器打不开	(1)储气钢瓶头间操作机构锈蚀或卡阻 (2)内涨式的压杆或穿刺式的刀杆过短 (3)内涨式的压杆或穿刺式的刀杆变形或刀杆的刀口不锋利 (4)压杆或刀杆装配位置不正 (5)压把变形	(1)清洗或更换零部件 (2)更换压杆或刀杆 (3)检修 (4)检修 (5)更换压把
2. 灭火器开启后无灭火剂喷射	(1)储气瓶无气 (2)进气管堵塞 (3)出粉管堵塞 (4)喷嘴或喷管堵塞 (5)可间歇喷射机构或喷枪锈蚀或堵塞 (6)干粉结块造成各通道部分堵塞	(1)重灌二氧化碳 (2)清理进气管 (3)清理出粉管 (4)清理喷嘴或喷管 (5)检修或清理间歇喷射机构或喷枪 (6)清理灭火器各部件，重换干粉灭火剂
3. 灭火器喷气多，喷粉少	(1)外装式储气瓶与筒体连接处跑气 (2)器头有气孔或砂眼，漏气 (3)出粉管脱落	(1)检修连接处 (2)更换器盖 (3)装牢出粉管
4. 灭火器喷射时漏粉	(1)灭火器头与筒体连接部分泄漏 (2－1)压杆或刀杆与器头部分密封泄漏 (2－2)喷嘴或喷管与器头密封部分泄漏 (2－3)喷嘴或间歇喷射机构与喷管连接部分泄漏	(1)检查密封垫是否变形、损坏或螺纹连接是否松动；检查密封圈 (2)检查密封圈是否失效或螺纹连接是否松动

续表

故障类型	故障原因	排除方法
5. 灭火器喷射强度不够	(1)储气瓶瓶头阀未开启到最大状态	(1)应使瓶头阀开启到最大状态
	(2)储气瓶瓶头因结构问题(压杆或刀杆长度不够)不能开启到最大状态	(2)更换压杆或刀杆
	(3)储气瓶储气量不足(或因泄漏)造成气体压力过低；筒体漏气	(3)查明原因，修理后重充足二氧化碳
	(4)外装式储气瓶与筒体连接处漏气或有堵物	(4)筒体报废，清理或堵漏修理
	(5)器头有气孔或砂眼	(5)更换器头
	(6)出粉管变形或松脱	(6)更换或装牢出粉管
	(7)出粉管有堵物不畅通	(7)清理出粉管
	(8)进气管有堵物不畅通	(8)清理进气管
	(9)喷管或喷嘴有堵物不畅通	(9)清理喷管或喷嘴
	(10)可间歇喷射机构或喷枪有堵物或未开启到最大状态	(10)清理堵物或开启到最大状态
	(11)干粉有小结块	(11)重新换装干粉
	(12)推车式灭火器筒体进气压力过低	(12)根据使用要求调整进气压力(观察压力表)
6. 灭火器喷射时间过长	(1)出粉管有堵物不畅通	(1)清理出粉管
	(2)进气管有堵物不畅通	(2)清理进气管
	(3)喷管或喷嘴有堵物不畅通	(3)清理喷管或喷嘴
	(4)喷孔过小	(4)更换喷嘴
	(5)可间歇喷射机构或喷枪有堵物或未开到最大状态	(5)清理堵物或开启到最大状态
	(6)干粉有小结块	(6)重新换装干粉
	(7)推车式灭火器筒体进气压力过低	(7)根据使用要求调整进气压力(观察压力表)

续表

故障类型	故障原因	排除方法
7. 储气瓶没气了或压力过低	(1)充装量不足 (2)内涨式瓶头阀杆或穿刺式瓶头阀刀秆过长造成微漏 (3)阀芯密封垫片变形，密封垫片与阀体密封口密封面有杂物或阀体密封口有缺口或划痕 (4)瓶头阀与钢瓶连接处泄漏 (5)钢瓶泄漏	(1)重充二氧化碳 (2)更换压杆或刀杆 (3)更换密封片、阀体或清理杂物 (4)检修 (5)更换钢瓶
8. 喷射滞后时间过长	(1)进气管有堵物不畅通 (2)出粉管有堵物不畅通 (3)喷嘴或喷管有堵物不畅通 (4)干粉有结块造成干粉灭火剂流道不畅通 (5)储气瓶瓶头阀未打开到最大状态，筒体内压力过低 (6)喷粉管防潮膜的爆破压力过高	(1)清理进气管 (2)清理出粉管 (3)清理喷嘴或喷管 (4)更换干粉灭火剂 (5)应打开到最大状态 (6)更换防潮膜
9. 喷射剩余率过大	(1)筒体内出粉管变形或过短 (2)与灭火器喷射强度不够的原因相同 (3)喷粉管防潮膜爆破压力过低	(1)更换出粉管 (2)与灭火器喷射强度不够的排除方法相同 (3)更换防潮膜
10. 灭火器灭不了火	(1)灭火器喷气多，喷粉少 (2)干粉灭火剂喷射强度不够 (3)灭火器数量不够 (4)灭火器不适用于灭火对象 (5)灭火方法不对 (6)灭火剂质量差，灭火性能不好 (7)火势过大	(1)与灭火器喷气多喷粉少的排除方法相同 (2)与火火器喷射强度不够的排除法相同 (3)增加灭火器数量 (4)更换灭火器 (5)采用正确的灭火方法 (6)更换灭火剂 (7)增加灭火器数量

七、灭火器维修技术规定

经过维修的各种灭火器必须符合该产品国家标准或行业标准的要求。

（一）灭火器筒体

（1）维修单位必须按规定逐一对灭火器筒体进行水压试验。另外，灭火器已经使用，虽未达到规定的期限，但发现筒身有磕碰，焊缝外观质量不符合规定要求的，亦应进行水压试验检查。为防止污染环境，水压试验前应将筒体内的灭火剂分别放入相应的储罐内。水压试验压力为灭火器设计压力的1.5倍。试验时不得有渗漏和宏观变形（残余变形量等于或大于6%）等影响强度的缺陷。

（2）水压试验合格的筒体，贴花完整，但有部分漆皮脱落的，应重新涂漆。

（3）水压试验合格的筒体（水型的灭火器除外）均应进行烘干。

（二）灭火器其他配件

（1）灭火器的橡胶、塑料件不得用有机溶剂洗涤。变形、变色、老化或断裂的必须更换。

（2）压力表外表面不得有变形、损伤等缺陷。压力值的显示应正常，否则，应更换压力表。

（3）喷嘴有变形、开裂、损伤等缺陷的，必须更换。防尘盖应保证灭火剂喷出时能够自行脱落或击碎。

（4）灭火器的压把、阀体等金属件不得有损伤、变形、锈蚀等影响使用的情况，顶针不得有肉眼可见的缺陷，否则，必须更换。

（5）密封片、密封垫等必须更换，并符合密封要求。干粉灭火器的防潮膜必须更换，并符合规定。

（6）灭火器的出气管不应有变折、堵塞、损伤和裂纹等缺陷，否则，必须更换。

（三）二氧化碳储气瓶（以下简称储气瓶）

（1）储气瓶必须符合《手提式灭火器第1部分：性能和结构要求》（GB 4351.1—2005）的要求。

（2）储气瓶从出厂日期算起五年后，以后每隔三年必须按要求做水压试验。水压试验不合格者必须更换。

（3）没有按规定要求打钢印的储气瓶必须更换。

（四）器头

（1）器头不允许存在裂纹、螺纹失效等缺陷，否则必须更新。

（2）塑料器头使用两年后必须与筒体一起做水压试验检查，不合格者必须更换。

（3）金属器头从出厂之日起，每隔五年必须与筒体一起做一次水压试验，合格者必须更换。

（五）灭火器修理

（1）水型或泡沫型灭火器的滤网损坏的，必须更换。

（2）所有需更换的灭火器零部件应尽可能采用原生产厂生产的。若采用其他或自制的零、部件，必须符合国家标准、行业标准和灭火器生产厂的设计要求。

（3）经过维修的灭火器，其充装的灭火剂应符合有关灭火剂的标准要求。

（4）经维修后的灭火器，必须在灭火器的筒身和储气瓶上分别贴上永久性维修铭牌。

（六）灭火器维修后应贴铭牌

1. 铭牌要求

（1）铭牌的位置在灭火器生产厂贴花的背面筒身上。

（2）铭牌的尺寸推荐为70mm×50mm。

（3）铭牌推荐为白底黑字。

（4）每次维修的铭牌不允许相互覆盖。

（5）储气瓶永久性的维修铭牌（不允许钉金钢字）上，应标明储气瓶的充装系数、驱动气体充装量，同时还应有维修单位名称和充气的年、月。

2. 铭牌内容

(1)维修单位的名称；

(2)维修许可证编号；

(3)筒体水压试验压力值，MPa；

(4)维修的年、月。

八、灭火器的报废条件

(一)灭火器的报废条件

灭火器有下列情况之一者，必须报废：

(1)筒体按规定进行水压试验，不合格的必须报废，不允许补焊。

(2)筒体严重锈蚀(漆皮大面积脱落，锈蚀面积大于、等于筒体总面积的三分之一者)或连接部位、筒底严重锈蚀的。

(3)内扣式器头没有或未安装卸气螺钉的。

(4)没有生产厂名称和出厂年月的情况(含贴花脱落或虽有贴花，但已看不清生产厂名称和出厂年月的情况的。

(5)未取得生产许可证厂家生产的。

(二)灭火器的报废年限

灭火器从出厂日期算起，达到如下年限的，必须报废。

(1)手提式清水火火器：6 年。

(2)手提式干粉灭火器(储气瓶式)：8 年。

(3)手提储压式干粉灭火器：10 年。

(4)手提式二氧化碳灭火器：12 年。

(5)推车式干粉灭火器(储气瓶式)：10 年。

(6)推车式二氧化碳灭火器：12 年。

(三)报废标志

应报废的灭火器或储气瓶，必须在筒身或瓶体上打孔，并且用不干胶贴上“报废”的明显标志，内容如下：

(1)“报废”二字，字体大小为25mm×25mm。

(2)报废年月。

(3)维修单位名称。

(4)检验员签章。

第二节　消防水带

一、消防水带的分类及特点

消防水带的分类及特点见表5-15。

表5-15　消防水带的分类及特点

<table>
<tr><td rowspan="6">1. 分类</td><td colspan="2">(1)按材质分</td><td colspan="4">消防水带按制作选用材料不同，分为亚麻水带、涂胶亚麻水带、涂胶棉织水带、胶水带、尼龙水带等多种</td></tr>
<tr><td colspan="6">(2)按耐压能力分，见下表</td></tr>
<tr><td colspan="2">水带分级</td><td>甲</td><td>乙</td><td>丙</td><td>丁</td></tr>
<tr><td rowspan="2">承受最大工作水压</td><td>kPa</td><td>981</td><td>784~882</td><td>588~686</td><td>588</td></tr>
<tr><td>kgf/cm^2</td><td>≥10</td><td>8~9</td><td>6~7</td><td>≤6</td></tr>
<tr><td colspan="2">适用性</td><td colspan="4">(1)用于实际灭火的为甲、乙级水带
(2)丙、丁级水带主要作为日常训练使用</td></tr>
<tr><td>2. 尼龙水带(包括其他化纤织品)</td><td>(1)特点
(2)长度
(3)接口</td><td colspan="5">具有易干、耐折盘等特点，使用效果也较好
标准水带每根长20m
两端装有接口，使用时可连接延长。国产消防水带及与之相连接的其他消防器材，已统一为65mm的快速接口</td></tr>
</table>

二、消防水带的使用和维护

(1)使用时应将质量较好的水带接在离心泵出口较近的地方，即承受压力较高的一端。

(2)铺设时应避免骤然曲折，以防止降低耐水压的能力；还应避免扭转，以防止充水后水带转动而使内扣式水带接口脱开。水带充水后更不要骤然折弯，否则折弯处受压过大，易造成水带崩裂。

(3)充水后应避免在地面上强行拖拉，需要改变位置时要尽量抬起移动，以减少水带与地面的磨损。

(4)注意防止水带与坚硬物摩擦，不要被各种油类粘污。应避免与酸、碱等有腐蚀性的化学物品接触。

(5)在可能有火焰或强辐射热的区域，应采用棉或麻质水带。

(6)车辆需通过铺设中的水带时，应事先在通过部位安置水带护桥。

(7)铺设时如需通过铁路，应从铁轨下面通过。

(8)寒冷地区建筑物外部应使用有衬里水带，以免水带冻结。

(9)使用过程中如发现有破损小孔，应用水带包布裹紧，事后尽早织补或粘补。当出现明显破损时，应立即退出使用。

(10)水带使用完毕后，要清洗干净。对输送泡沫的水带应仔细刷洗。如水带上有油污，应用温皂水洗净。清洗过的水带应放在通风良好的地方晾干后储藏。

(11)无衬里水带要挂晒，用后盘卷保存于阴凉干燥处。

(12)水带应单层卷起，竖放在水带架上，每年要翻动两次和交换折边一次，半年试压一次。

三、消防水带检查的操作规程

(1)将水带一条线摆放，将其一端接在水泵出水口上，在另一端安装上分水器或非关水枪。

(2)让低压水缓慢地流入水带内浸湿水带，排出空气。

(3)关闭分水器或水枪开关，将水压调整到0.2～0.4MPa，持续5min，这时水带不应有微小漏水之处，然后把压力降到零。

(4)缓慢地把水压逐渐升高到水带的最大工作压力，并保持2min，这时水带不应有漏水现象。然后将水压降低到零，稍停片刻后，缓慢地再将水压升高到水带的检验压力，并保持2min，这时其水压降不得超过0.1MPa，如果水带达不到水压检验标准，应降级使用。

四、消防水带附件的使用和维护

水带附件主要是指连接和使用消防水带所必需的附件，包括接口、分水器等。

(一)接口的使用保养

接口是水带与水带、消防泵、消防栓、移动式水炮连接的接头。主要有水带接口、管牙接口、阀盖、内螺纹固定接口、外螺纹固定接口、异径接口、异型接口等。接口的使用保养如下。

(1)对接口应进行0.1~1.6MPa水压密封性试验，接合处应无泄漏(允许有轻微渗水)。

(2)连接之前，应认真检查滑槽和密封部位，若有污泥和沙粒等杂物须清除，以防密封不良和装拆困难。

(3)接口应接装灵便松紧适度，保证接口处橡胶密封圈沿唇口周边均匀压缩贴合。

(4)连接内扣式接口时，应将扣爪插入滑槽后再按顺时针方向拧紧。在连接水带时，还需将水带理直，以防水带扭转而使接口自行脱开。

(5)连接插入式接口时，应插至听到雌接口弹簧销伸至雄接口卡槽中的声音为止，以确保连接可靠。

(6)存放时应避免和酸性、碱性等化学物品接触，以防金属件腐蚀和橡胶密封圈变质。

(7)使用后存放时，应避免摔、撞、重压，以防变形而装拆困难。

(二)吸水管同型接口的维护保养

(1)螺纹应光洁、无缺牙、乱扣、飞刺等缺陷。

(2)允许有不多于2牙的轻微伤痕，但不得影响螺纹连接。

(3)其他要求与水带接口相同。

(三)其他接口的维护保养

(1)吸水管接口维护保养与吸水管同型接口相同。

(2)内扣式管牙接口维护保养与吸水管同型接口相同。

(3)异径接口维护保养与内扣式水带接口相同。

(4)异型接口维护保养与水带接口相同。

(5)扪盖维护保养与吸水管同型接口相同。

(四)分水器的使用与保养

分水器是将出水线的水流分成支水流的连接器。主要有二分水、三分水、四分水等。

使用前，要检查接口密封圈和阀门是否完整好用。严冬时要设法保温，防止冻结失灵，用后要用清水冲洗干净。

第三节　消防水枪

一、消防水枪分类、用途、特点、规格

消防水枪分类、用途见表5-16，消防枪的名称、型号、特点和适用范围见表5-17，消防水枪规格见表5-18。

表5-16　消防水枪分类、用途

1. 分类	(1)按用途分。消防水枪按用途不同有直流式、开关直流式、雾化直流水枪、多用水枪、带架水枪及开花式多种 (2)按材质分。按材质不同有铝合金制、铜制、胶木制等
2. 油库常用	油库灭火时用于喷雾隔离和冷却常用的是开花水枪和直流水枪

表 5-17 消防枪的名称、型号、特点和适用范围

名称	型号	图例	特点	适用范围
直流水枪	Qz16 Qz19 QZ16A QZ19A	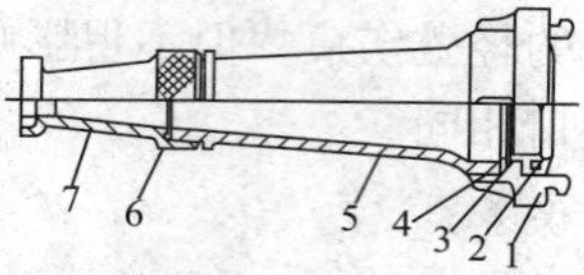 1—本体；2—密封圈；3—密封座；4—平面垫圈；5—枪体；6—密封圈；7—喷嘴	射程远，冲击力强，但水渍损失大	较远距离火灾扑救，较远距离物体冷却
开关直流水枪	QZG16 QZG19	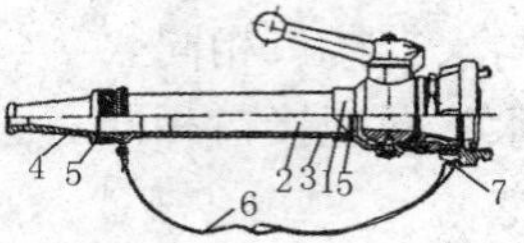 1—球阀及接口；2—整流器；3—枪体；4—喷嘴；5—密封圈；6—背带；7—耳环	可间歇直流射水	较远距离火灾扑救，较远距离物体冷却
雾化直流水枪	QW48	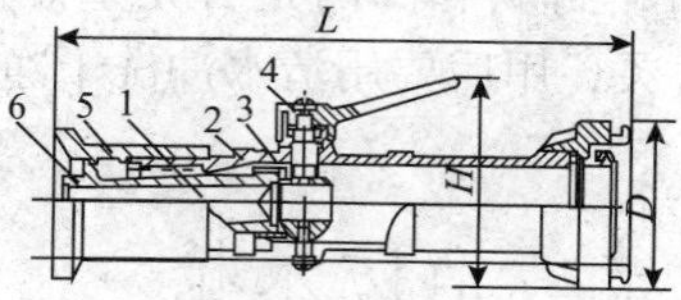 1—稳流器；2—枪体；3—球阀；4—手柄；5—开花圈；6—直流喷雾体	水流呈雾状，冷却效果好，水渍损失小，驱排烟效果好，对水枪手有较好保护作用，但射程较近	扑救电气设备火灾和气体火灾，有的也可扑救油类火灾
多用水枪	QD50 QD65	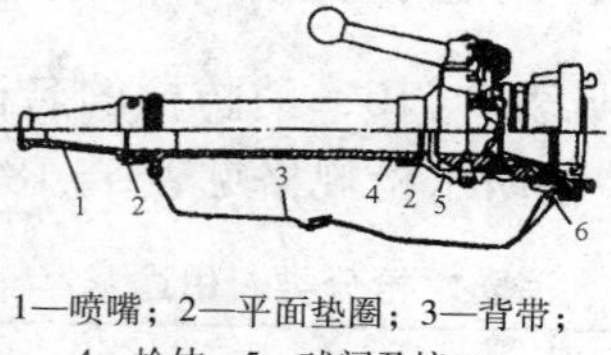 1—喷嘴；2—平面垫圈；3—背带；4—枪体；5—球阀及接口；6—耳环	可实现直流射水和喷雾射水以及直流、开花、喷雾水的组合喷射，一枪多用，操作方便	扑救室内外的一般固体物质火灾和可燃烧体火灾及气体火灾
带架水枪	QJ32		水流量大，射程远	扑救棚户、露天货场等较大面积火灾

表 5-18　消防水枪规格

<table>
<tr><th rowspan="2">名称</th><th rowspan="2">型号</th><th rowspan="2">进水口径/mm</th><th rowspan="2">出水口径/mm</th><th rowspan="2">材料</th><th colspan="2">外形尺寸/mm</th><th colspan="2">588kPa(6kgf/cm²)30°角时射程</th><th colspan="2">开花水流</th><th rowspan="2">质量/kg</th></tr>
<tr><th>外径</th><th>长</th><th>喷嘴口径/mm</th><th>最远/m</th><th>开花角度</th><th>开花面/m²</th></tr>
<tr><td rowspan="6">直流水枪</td><td>QZ12</td><td>50</td><td>13/16</td><td rowspan="3">铝合金</td><td>99</td><td>295</td><td>13/16</td><td>26/32.5</td><td></td><td></td><td>0.85</td></tr>
<tr><td>QZ14</td><td>65</td><td>16/19</td><td>110</td><td>340</td><td>19</td><td>36</td><td></td><td></td><td>1.35</td></tr>
<tr><td>QZ16</td><td>65</td><td>19/25</td><td>110</td><td>350</td><td>25</td><td>41</td><td></td><td></td><td>1.45</td></tr>
<tr><td>QZ22</td><td>50</td><td>13/16</td><td rowspan="3">胶布塑料</td><td>99</td><td>300</td><td>13/16</td><td>26/32.5</td><td></td><td></td><td>0.47</td></tr>
<tr><td>QZ24</td><td>65</td><td>16/19</td><td>110</td><td>331</td><td>19</td><td>36</td><td></td><td></td><td>0.96</td></tr>
<tr><td>QZ26</td><td>65</td><td>19/25</td><td>110</td><td>340</td><td>25</td><td>41</td><td></td><td></td><td>0.97</td></tr>
<tr><td rowspan="2">开关水枪</td><td>QG12</td><td>50</td><td>13/16</td><td rowspan="5">铝合金</td><td></td><td>420</td><td>13/16</td><td>25.5/31</td><td></td><td></td><td>1.8</td></tr>
<tr><td>QG14</td><td>65</td><td>16/19</td><td></td><td>450</td><td>19</td><td>35.5</td><td></td><td></td><td>2.2</td></tr>
<tr><td rowspan="2">开花水枪</td><td>QH12</td><td>50</td><td>13/16</td><td></td><td>395</td><td></td><td></td><td>0～180°</td><td>3.5×5</td><td>2</td></tr>
<tr><td>QH14</td><td>65</td><td>16/19</td><td></td><td>450</td><td></td><td></td><td>0～180°</td><td>3.5×5</td><td>3</td></tr>
<tr><td>高架水枪</td><td>QJ12</td><td>2×65</td><td>25/28/30</td><td></td><td>1300</td><td colspan="5">可回转360°喷射</td></tr>
</table>

二、消防水枪保养与检查

(一)一般规定

(1)检查喷嘴是否畅通无阻。

(2)每月或每次用完后，应清洗，防止污水腐蚀枪管表面。

(3)管牙接口是否完好，有无损坏现象。

(二)开关直流水枪保养和检查

(1)应经常检查开关是否灵活；如遇开关转动失灵，应及时找出原因，进行修理或更换。

(2)应经常检查喷嘴是否畅通。使用后，枪管应进行擦拭保养。

(三)开花直流水枪保养和检查

(1)枪体表面是否有腐蚀现象。

(2)开关应涂润滑油，以保证开关灵活。

(3)检查水枪附件是否齐全。

(四)喷雾水枪保养和检查

喷雾水枪保养和检查与开花直流水枪相同。

(五)带架水枪保养和检查

(1)检查各活动关节是否灵活。

(2)检查接口、喷嘴、垫圈是否完好。

第四节　消防水炮、泡沫枪、泡沫炮、泡沫钩管

一、消防水炮、泡沫枪、泡沫炮、泡沫钩管的型号、特点、适用范围

消防水炮、泡沫枪、泡沫炮、泡沫钩管的型号、特点、适用范围见表5-19。

表5-19　消防水炮、泡沫枪、泡沫炮、泡沫钩管的型号、特点、适用范围

名称	型号	图例	特点	适用范围
消防水炮	SP40	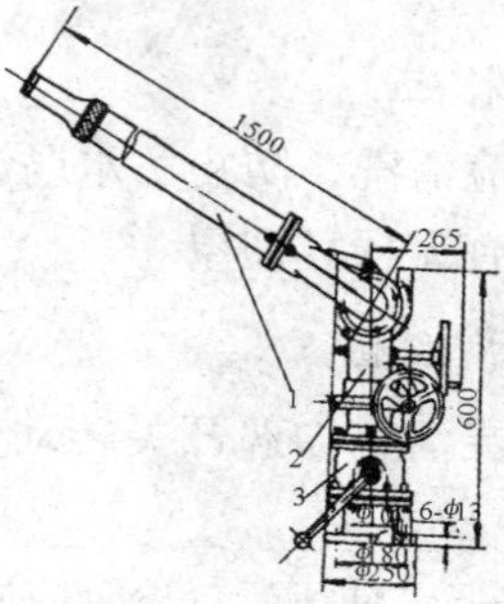 1—炮筒；2—转塔；3—球阀	喷射水量多、射程远、冲击力大。因此，水炮主要用于强烈的热辐射、热气流、浓烟火场的远距离射水和大风火场的强力射水	消防水炮分为移动式和固定式两种。移动式水炮主要作为消防车的附属装备；固定式水炮则可安装在消防车、油罐区、港口码头等场所

续表

名称	型号	图例	特点	适用范围
空气泡沫枪	PQ4 PQ8 PQ16	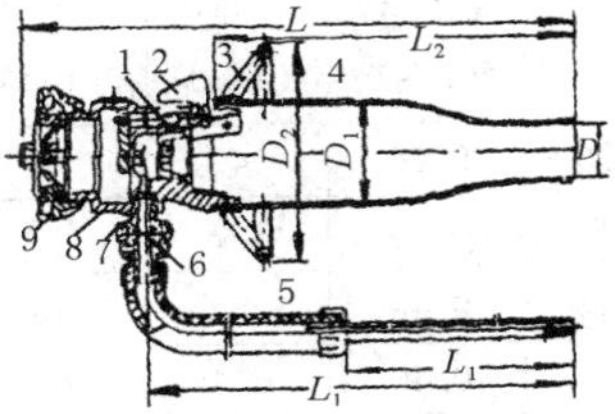 1—喷嘴；2—启动柄； 3—手轮；4—枪筒；5—吸管； 6—密封圈；7—吸管接头； 8—枪体；9—管牙接口	它兼有泡沫比例混合器和泡沫产生器的作用，泡沫枪可以喷射泡沫灭火，也可喷射清水灭火	用于扑救小型油罐、油罐车以及灌油间、装卸区的地面火灾
泡沫炮	PP32A PP48A	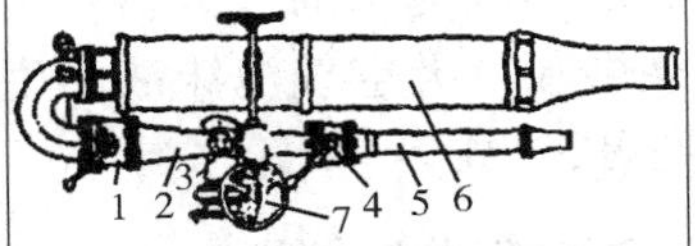 1—泡沫控制阀；2—集水管； 3—仰俯机构；4—水控制阀；5—水泡沫； 6—泡沫炮；7—水平回转机构	泡沫炮可以使用3%或6%型蛋白泡沫混合液	泡沫炮喷射充实密集的空气泡沫，适用于油罐火灾的扑救
泡沫钩管	PG16	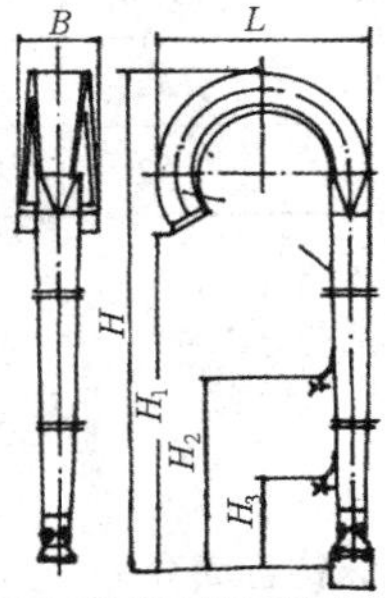	钩管的上端有弯形喷管，用来钩挂在着火的油罐壁上，以便向罐内送入泡沫。其下端装有连接空气泡沫产生器的管牙接口	泡沫钩管用于产生和喷射空气泡沫，扑救没有固定泡沫灭火装置的地下、半地下或小型储油罐火灾

二、空气泡沫枪的技术性能

空气泡沫枪有长筒式和短筒式两种，按泡沫发生量分25L/s、50L/s、100L/s三种规格，其技术性能见表5-20。

表 5-20　空气泡沫枪技术性能

名称及型号	进口工作压力/kPa	进水量/(L/s)	泡沫液吸入量/(L/s)	混合液耗量/(L/s)	泡沫发生量/(L/s)	射程/m	
						集中点	最远点
25L空气泡沫枪PQ4	700	3.76	0.24	4	25	16	24
	500	3.0	0.20	3.2	20		
50L空气泡沫枪PQ8	700	7.52	0.48	8	50	17	28
	500	6.0	0.40	6.4	40		
100L空气泡沫枪PQ16	700	15.04	0.96	16	100		32
	500	12.2	0.80	13	80		

三、空气泡沫炮的技术性能

空气泡沫炮是产生和喷射空气泡沫的灭火器材。它可由消防水泵供给混合液或由水泵供水自吸空气泡沫液产生和喷射空气泡沫。泡沫炮技术性能见表5-21。

表 5-21　空气泡沫炮技术性能

型　号	工作压力/kPa	进水量/(L/s)	空气泡沫液吸入量/(L/s)	混合液耗量/(L/s)	空气泡沫发生量/(L/s)	射程/m	
						泡沫	水
PP32	1000	30.08	1.92	32	200	45	50
PPY32	1000	30.08	1.92	32	200	45	50

四、泡沫钩管的简介

泡沫钩管简介见表5-22。

表 5-22　泡沫钩管简介

序号	泡沫钩管简介
1	泡沫钩管是化学泡沫和空气泡沫两用的移动式灭火设备
2	目前泡沫钩管只有一种，其泡沫发生量为100L/s

续表

序号	泡沫钩管简介
3	(1)它通常配备有两个附件
	(2)使用化学泡沫时，在钩管下端装有“分支管”，以便分别跟甲、乙粉输送管线相接
	(3)使用空气泡沫时，在钩管下端装有空气泡沫发生器
	(4)钩管上端有弯形喷管，用来钩挂在着火的油罐上，向罐内喷射泡沫
	(5)如油罐高度过高或其他原因发生钩挂困难，可借助消防拉梯

泡沫钩管的技术性能表

型号	规格/(L/s)	配用空气泡沫比例混合器		钩管进口压力/kPa	混合液耗量/(L/s)	泡沫发生量/(L/s)	外形尺寸/m		
PG16	100	PH32	100	500	16	100	3.82	0.58	14

五、消防枪、消防水炮、泡沫炮、泡沫钩管操作使用和维护保养

消防枪、消防水炮、泡沫炮、泡沫钩管操作使用和维护保养见表5-23。

表5-23　消防枪、消防水炮、泡沫炮、泡沫钩管操作使用和维护保养

名称	操作使用	维护保养
消防水枪	(1)操作直流水枪射水时，要注意反作用力的影响，变更射水方向时，尽量缓慢操作 (2)使用开直流关枪时，转换开关缓慢进行 (3)使用喷雾水枪扑救带电设备火灾时，一定要保证安全距离，电压小于33kV时，安全距离不小于2m (4)使用带架水枪时，应将水枪放置稳妥，并按目标位置适当调节射水角度。变换喷头时，须先关水 (5)使用雾化水枪时，雾化程度不宜过高，否则不仅会影响射程，而且在扑救液体和气体火灾时会降低乳化和灭火的效果	消防水枪使用后要将水渍擦净晾干，存放于阴凉处，不要长期置于日晒和高温的环境中，以防橡胶件早期老化

续表

名称	操作使用	维护保养
消防水枪	(6)在扑救较大面积可燃液体火灾的初期，雾化射流将夹带大量气流进入火区而引起扰动，使火场热辐射强度增强，此时应充分考虑消防人员的隔热保护 (7)多用水枪不得用于扑救带电火灾，以防止误操作引发直流喷射而危及人身安全。	消防水枪使用后要将水渍擦净晾干，存放于阴凉处，不要长期置于日晒和高温的环境中，以防橡胶件早期老化
消防水炮	(1)打开或关闭水炮进口球阀时应缓慢操作 (2)车载式消防水炮平时应可靠固定，防止行驶时引起震动而损坏 (3)移动式水炮使用时，应选择平坦地面，视情况用绳索等将水炮固定或对地面适当修整或采取防滑措施	(1)经常检查水炮有无变形、损伤 (2)经常检查水炮的螺纹状况及密封情况 (3)定期检查水炮活动部件，注意是否灵活或漏水，发现问题及时修理 (4)水炮用后应清洗干净，干燥后向旋转机构及折叠部分加注油脂
泡沫枪	(1)空气泡沫枪的工作压力一般为0.5MPa，但不得低于0.3MPa (2)配用6%型空气泡沫液，应安好吸液管，并检查其密封性能是否良好。 (3)水源供水正常后，扳动启闭柄，泡沫即喷出，需要停止喷射时，扳动启闭柄到关闭位置即可 (4)供给混合液时要注意将泡沫枪的启闭手柄板到“混合液”一边；自吸液时，将启闭手柄板到“自吸液”一边	空气泡沫枪应经常保持性能良好 每次使用后应检查各部分零件是否完整，连接是否牢靠，吸管和管牙接口等处的橡胶垫圈是否损缺 空气泡沫枪应保持清洁，每次使用后用清水洗净，清除吸水管、喷嘴内外附着的杂物，擦干水渍，置于阴凉干燥处
泡沫炮	(1)PPY32型移动式空气泡沫炮的支座无水平回转机构，在喷射过程中若需改变水平方向，应同时搬动两条有压力水的供水带，不可硬搬炮筒，以免损坏和变形 (2)其他方面可参照水炮和空气泡沫枪的使用注意事项	同泡沫枪的维护保养

续表

名称	操作使用	维护保养
泡沫钩管	(1)泡沫钩管一般作为泡沫消防车的附属配套装备，使用时，应将环泵式比例混合器的调节阀指针对准“16”或泡沫混合液供给强度相应的刻度位置上 (2)扑救地上油罐火灾时，应将泡沫钩管牢固的控装在消防拉梯上，升高拉梯使钩管出口处超过油罐壁面高度，再供给混合液。泡沫钩管的进口压力控制在0.2～0.5MPa范围内，待出泡正常后将泡沫钩管钩挂罐壁即可 (3)钩管与空气泡沫产生器平时应连接在一起存放 (4)泡沫钩管存放时应避免重压变形，内外表面漆层如有剥落，应立即涂刷防锈漆，以防锈蚀	每次使用后，应检查空气泡沫钩管内外涂层，若有脱落，应重新涂刷防锈漆，以防锈蚀 各部件应保持完整，放置在便于取用的地方，并防止重物重压

第五节　升降式泡沫管架

升降式泡沫管架是一种借助水的压力自动升起的移动式泡沫灭火设备，当油罐上的固定式泡沫产生器损坏后，可代替泡沫产生器的工作，其简介见表5-24。

表5-24　升降式泡沫管架简介

简　介	结　构　图
(1)升降式泡沫管架的作用和使用方法与泡沫钩管相同	
(2)是一种借助水的压力自动升起的移动式泡沫灭火设备	
(3)由于其长度范围可以调节，所以可用来扑救高度在6.5～11.7m的油罐火灾	

续表

简介	结构图
(4)目前升降式泡沫管架只有一种，其泡沫发生量为100L/s	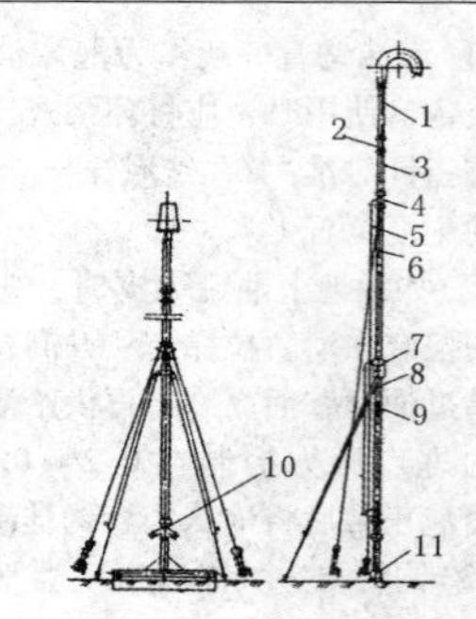
(5)它适用于扑灭中小型油罐、高架罐火灾	升降式泡沫管架图 1—弯曲喷管；2—空气泡沫产生器；3—连接管；4—控制阀；5—拉索；6—伸缩管；7—制动；8—撑脚管；9—管架体；10—放水旋塞；11—管架座
(6)当油罐上的固定式泡沫产生器损坏后，可代替泡沫产生器的工作	

(7)升降式泡沫管架技术性能表

型号	规格/(L/s)	配用空气泡沫比例混合器		工作压力/kPa	混合液耗量/(L/s)	泡沫发生量/(L/s)	外形尺寸		
		型号	调节阀指针位置				升起前直立高度/m	升起后直立高度/m	质量/kg
PJ15	100	PH32	100	500	16	100	9.4	12.85	125

第六节　消防梯

一、消防梯简介

消防梯简介见表5-25。

表 5-25 消防梯简介

<table>
<tr><td colspan="6">消防梯多为可升降活动梯</td></tr>
<tr><td>分类</td><td colspan="5">(1)按形式分为单杠梯、挂钩梯、二节拉梯
(2)按材质分为竹制、木制和铝合金制等多种</td></tr>
<tr><td colspan="6">消防梯名称、型号性能表</td></tr>
<tr><td>名称</td><td>型号</td><td>工作高度/
m</td><td>质量/
kg</td><td>材质</td><td>外形尺寸/mm
(长×宽×高)</td></tr>
<tr><td rowspan="2">单杠梯</td><td>TD31</td><td>3.1</td><td>12</td><td>木</td><td>105×65×3400</td></tr>
<tr><td>TDZ31</td><td>3.1</td><td>8.5</td><td>竹</td><td>82×42×3390</td></tr>
<tr><td rowspan="3">挂钩梯</td><td>TG41</td><td>4.1</td><td>11.5</td><td>木</td><td>235×295×4100</td></tr>
<tr><td>TGZ41</td><td>4.1</td><td>11</td><td>竹</td><td>200×290×4100</td></tr>
<tr><td>TGL41</td><td>4.1</td><td>11</td><td>铝合金</td><td>135×295×4165</td></tr>
<tr><td rowspan="3">二节拉梯</td><td>TE60</td><td>6</td><td>33</td><td>木</td><td>190×440×3734</td></tr>
<tr><td>TEZ61</td><td>6.1</td><td>33</td><td>竹</td><td>160×440×3840</td></tr>
<tr><td>TEL75</td><td>7.5</td><td>31.5</td><td>铝合金</td><td>145×446×4406</td></tr>
</table>

二、消防梯的操作使用与维护要求

消防梯是消防人员扑救火灾时，登高灭火、救人或翻越障碍的工具，常用的有单杠梯、挂钩梯和拉梯 3 种。其操作使用与维护要求是:

(1)梯子从车上卸下后，应放在安全地带；在操作使用时应选好立梯场地；立起时应掌握平衡。在灭火战斗中，尽量将梯子靠在建筑物的外墙或防火墙上立起。如因抢救工作需要将梯子放在受高温和火焰作用的窗口时，应用水流加以冷却保护。

(2)每月或在每次火场及操作使用后，应检查梯子的螺栓、滑轮、铁钩及各部连接处是否松动；梯蹬、侧板等本质部分是否折断或损坏；拉绳或铁链是否损坏断裂。发现问题应及时修理或更换部件。主要负荷部件修理或更换后，应按消防梯检查规定检验合格后方可使用。

(3)消防梯应经常保持清洁，不宜日晒雨淋和时干时湿。表面油漆要保持完好，如有脱落，及时补刷油漆。

(4)消防梯的金属部分要涂抹机油，以防生锈。滑轮或活动铁件应加注润滑油，以防磨损。

(5)消防梯较重，用后应平整地放在室内，不应倾斜立放，以免日久变形。

三、消防梯检查与保养

(一)单杠梯

将梯子展开，立在地上靠墙与地平线成75°角。在任何一个梯蹬中间挂上重120kg的静载荷，并保持2min。取下载荷后，梯子各部件不应有变形或裂缝。

(二)挂钩梯

将挂钩张开，用挂钩头部的大齿将梯子挂起，梯子下端第二梯蹬中间挂上重160kg静载荷，持续2min。卸去载荷，并间歇2min后再行检查，各部件不应有变形。然后再用挂钩根部的二齿将梯子挂起，一个没有加固的梯蹬中间，挂上重200kg静载荷，持续3min。取下载荷后，梯子各部件不应有变形。

(三)拉梯

1. 检查方法

为确保拉梯的安全，每年或每次修理后，对拉梯要检查一次。梯子进行载荷检查分两步进行。

(1)将梯子全部升起，与地面成75°角靠在墙上；在每节梯中间的没有加强的梯蹬上备挂重100kg静载荷，持续2min；除去载荷重后，梯子应能自由无阻地开出和缩拢。

(2)将二节、三节梯脱开，把每节梯距两端各150mm处水平支起；同时在两侧板中间各挂上重100kg静载荷，持续2min，最大变形量不应超过50mm，两侧板变形差不得超过10mm；除去载荷，间歇2min测量侧板变形不应超过5mm。

2. 维护保养

(1)梯子从车上卸下后，要放在安全地带。在操练时要选好立梯场地，地面要平整、清洁。立梯时要注意掌握平衡，在灭火战斗中要尽量将梯靠在建筑物的外墙或防火墙上立起。如因抢救工作的需要将梯子放在受高温和火焰作用的窗口时，要用水流加以冷却保护。

(2)每月或每次火场及操练使用后，要检查梯子的螺柱、滑轮、铁钩及各部连接处是否松动；梯蹬、侧板等木质部分是否折断或损坏；拉绳或铁链是否损坏断裂。发现问题应及时修理或更换部件。主要负荷部件修理或更换后，要按消防梯检查，规定项目检验合格后方可使用。

(3)消防梯应经常保持清洁，不宜日晒雨淋，时干时湿。表面油漆要保持完好，如有脱落，要及时补漆。

(4)消防梯的金属部分要涂抹机油，以防生锈。滑轮或活动铁角处要加注润滑油，防磨损。

(5)消防梯梯身较重，用后应平整地放在室内不应倾斜立放，以免日久变形。

第七节　消防员个人装备

消防员个人装备是消防员训练和灭火过程中所佩戴和使用的防护设备和专用工具，其主要作用是提高战斗力和保护自身安全。

根据公安部消防局以公消[2003]034 号文印发的《消防员防护装备配备标准(试行)》，油库消防人员配备常规防护装备和特种防护装备两类。

一、常规防护装备

常规防护装备名称和用途见表 5-26。

表 5-26　常规防护装备名称和用途

名称	型号	图例	用途
1. 消防头盔	GA-61-21 改进型 84-1 型	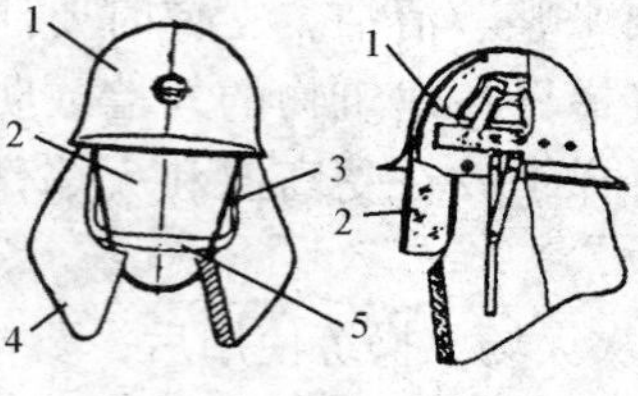 1—帽壳；2—面罩；3—佩戴装置；4—披肩；5—下颏带	用于保护消防员自身头部、颈部免受坠落物的冲击和穿透，以及热辐射、火焰、电击和侧向挤压伤害
2. 消防战斗服	八一型 八五型	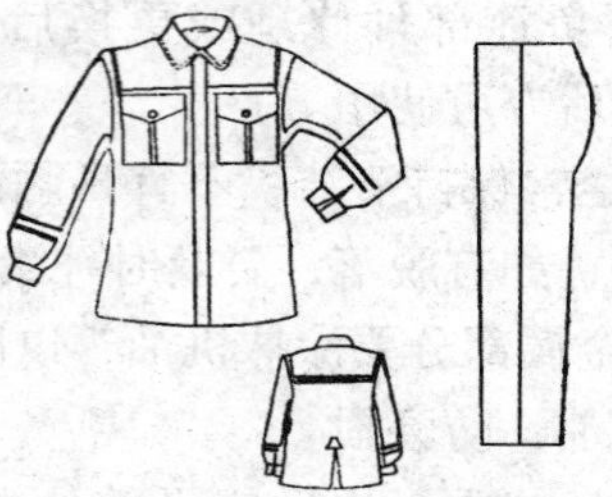	主要用于保护消防员的身体免受火场高温、蒸汽、热水，以及其他危险物的伤害
3. 消防靴		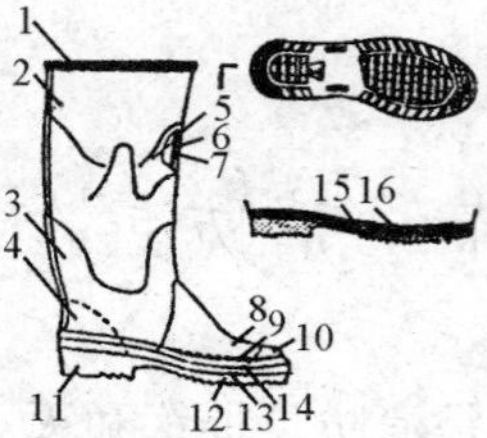 1—上口沿条；2—统上部；3—统跟部；4—后根衬部；5—统中部；6—统身衬部；7—松紧布；8—统头部；9—统条衬布；10—靴头衬布衫；11—底后跟；12—底掌；13—六线图条；14—光沿条；15—防刺层；16—中底布	用以保护消防员足部和腿部免受伤害；具有防滑、防穿刺性能

续表

名称	型号	图例	用途
4. 消防手套		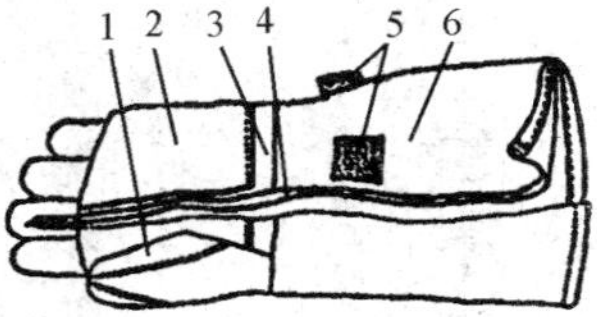 1—大拇指贴皮；2—手心贴皮；3—猪皮手心；4—浸塑棉布里层；5—尼龙搭扣；6—细帆布手套	用于保护消防员手部免受高温、摩擦、碰撞等伤害；它具有穿戴柔软舒适，耐磨性强，防水性好的特点
5. 消防安全带	EDA	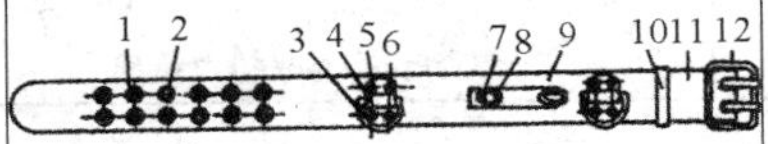 1—带体；2—蓬围；3—半圆环；4—弓形板；5—平头铆钉；6—垫圈；7—空心铝铆钉；8—锁扣；9—攀带；10—套圈；11—扣头包布；12--大方扣	消防安全带是消防员登高灭火的安全保护装备之一，可与安全绳、安全钩配合使用，进行救人和自救
6. 消防安全钩	GX－12	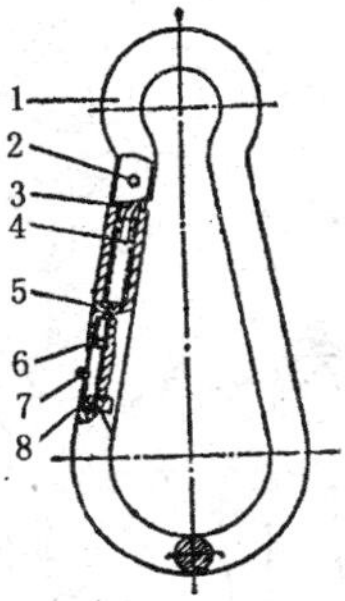 1—钩体；2—销钉；3—簧舌；4—复位弹簧；5—锁臂；6—压缩弹簧；7—板钉；8—保险锁	消防安全钩与消防安全带配合使用，用于消防员滑绳自救和救人作业

续表

名称	型号	图例	用途
7.保险钩	GX	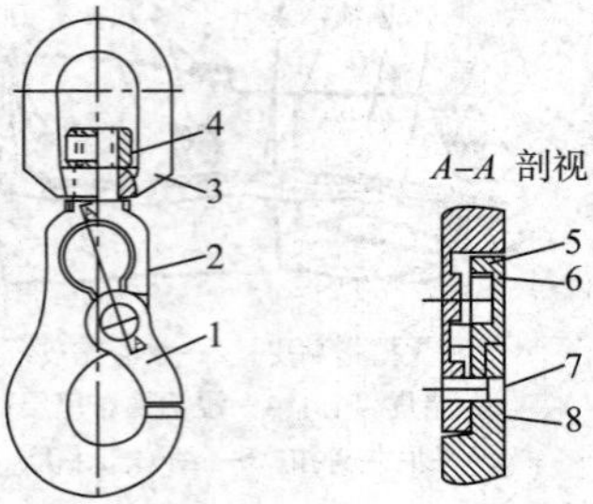 A–A 剖视 1—锁臂；2—钩体；3—吊环； 4—螺帽；5—锁轮；6—顶力弹簧； 7—锁臂螺钉；8—扭力弹簧	保险钩是消防员在高空训练时使用的安全保护装具

二、消防员特种防护装备

消防员特种防护装备见表5-27。

表5-27 消防员特种防护装备

特种防护设备是消防员在火场中，侦察火源、救生抢险、扑救火灾和自身防护所需的各种技术装备的总称。如探测器具、救生器具、照明器具、破拆机具等

这些技术设备在地下工程、船舶、石油化工、高层建筑、寒冷地区等火场使用较多

它是扑救火灾、抢险救生和保护消防员自身安全的重要技术设备

几种特种消防装备表

名称	型号	图例	图例说明	用途
隔热服	夹衣、棉衣和单衣三种	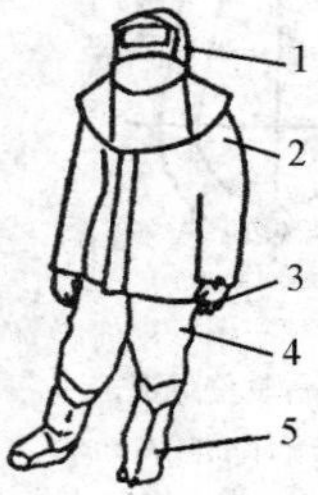	1—头罩； 2—上衣； 3—手套； 4—长裤； 5—护脚	隔热服是消防员在火场中靠近或接近火源，进行灭火战斗时穿着的一种特种防护服，主要由隔热头罩、上衣、长裤、手套、护脚等组成

续表

名称	型号	图例	图例说明	用途
防水灯具	GX－A	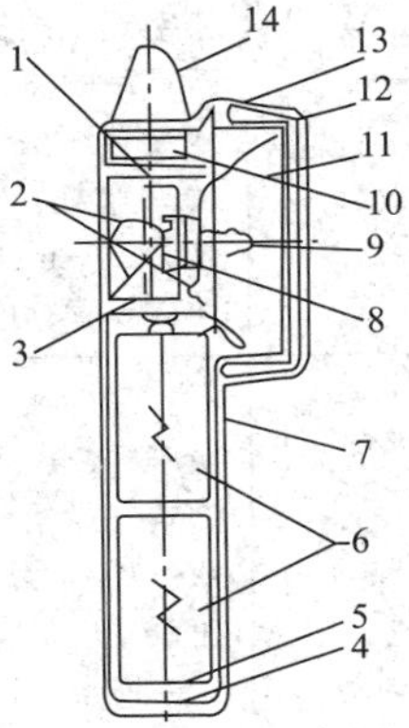	1—支架； 2—弹性导电片； 3—电池压板； 4—底片； 5—弹簧片； 6—高能碱性电池； 7—灯身； 8—灯座； 9—灯泡； 10—开关； 11—反光罩； 12—头盖； 13—橡胶圈； 14—橡胶套	用于火场进行侦察和灭火时，辨认前进道路上的障碍物、寻找受难人和物的个人携带灯具
隔爆型防爆灯	SLD－2	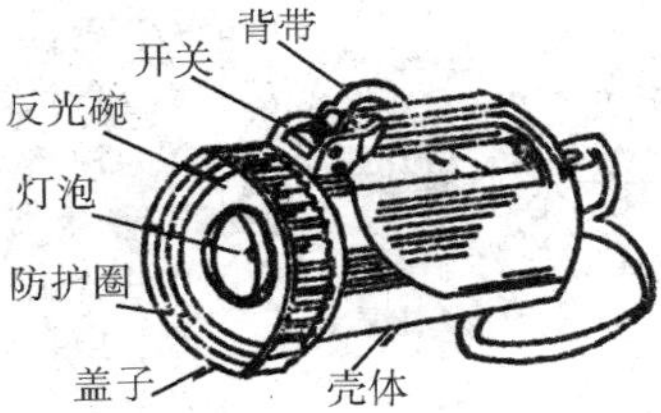		用于爆炸危险场所，并具有防潮能力和亮度高、射程远，牢固耐用的优点
红外线探测仪		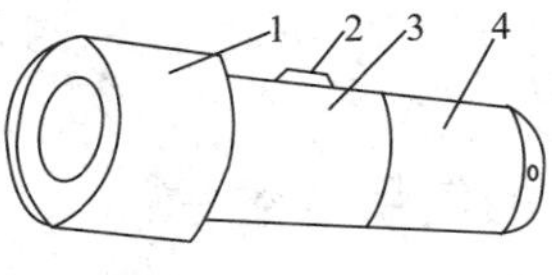	1—光学头； 2—开关； 3—电路部分； 4—电池	用于火场探测水源，特别是探测阴燃火源位置的手持式探测器具

续表

名称	型号	图例	图例说明	用途
正压式消防空气呼吸器	RHXK4、5、6 型		1—气瓶；2—气瓶开关；3—减压器；4—快速插头；5—正压型空气供给阀；6—正压型全面罩；7—气源压力表；8—气瓶余压警报器；9—中压安全阀；10—背托；11—腰带；12—肩带；13—正压型呼气阀；14—中压软导管；15—钢瓶胶套	
	RHZK、3、3A		1—气瓶；2—气瓶开关；3—减压器；4—快速插头；5—正压型空气供给阀；6—正压型全面罩；7—压力表导管；8—气瓶余压警报器；9—气源压力表；10—挎带；11—正压型呼气阀；12—中压软导管；13—中压安全阀；14—钢瓶胶套	
	RHZK4、5、6 型		1—气瓶；2—气瓶开关；3—减压器；4—快速插头；5—正压型空气供给阀；6—正压型全面罩；7—气源压力表；8—气瓶余压警报器；9—中压安全阀；10—背托；11—腰带；12—肩带；13—正压型呼气阀；14—中压软导管；15—钢瓶胶套	

注：（1）RHZK 正压式消防空气呼吸器是一种正压型呼吸保护装置。

（2）它配备有视野广阔、明亮、与面部贴合良好气密的全面罩，使用过程中，全面罩内的压力始终大于周围环境的大气压力，因此佩戴 RHZK 正压式消防空气呼吸器安全可靠。

（3）它具有体积小、重量轻、操作简单、安全可靠、维护方便的特点。

（4）是从事抢险救灾、灭火工作防护器具。

三、消防员个人装备的使用与维护

（一）消防头盔的使用与维护

（1）使用前应认真检查各部件有无损伤、烧融、炭化、撕破等现象。如有损伤，应停止使用。

(2)使用时不要随意推上面罩或卸下披肩，以防面部和颈部烧伤。

(3)使用后应清洗、擦拭、晾干，以备再用。

(4)保管时，要防止受潮、淋雨、曝晒，避免接触热源、火源，以及酸、碱等腐蚀性化学物质。

(5)使用时应轻拿轻放，避免与坚硬物摩擦、碰撞，以免损坏帽壳和面罩。

(6)为保证结构的完整和部件之间的配合，平时不应随意拆卸各部件。

(二)消防战斗服的使用与维护

(1)一般只能用于火场，不能在强辐射区或火焰区使用。

(2)受污染清洗时，应将衬里和外套分开清洗。不得用硬刷子刷清，或用强碱液洗涤，以免影响防水性能。

(3)不用时宜放置在通风阴凉处，避免阳光直晒。

(4)消防战斗服应保持整洁，衣扣、背带应牢固齐全。每次灭火或操练弄脏后应及时洗净，晾干，不能在加热设备上烘烤，未干的战斗服不可折叠保存，以防发霉变质。

(三)消防靴使用与维护

(1)新胶靴在仓库存放时间不宜超过一年。

(2)消防皮靴靴面至少每周上油一次。

(3)消防靴平时应避免与油类、酸碱类以及其他化学腐蚀性物品接触，如沾有以上物品，应及时冲洗干净。

(4)如发现刺穿、漏水等现象，或使用时间较长，胶底磨损较多时，注意不要接近高压电源。

(四)消防手套使用与维护

(1)受污染后应及时洗净、晾干。

(2)衬里被水沾湿时，应翻出来晾干。

(3)应储存在干燥、通风的场所。如无本地板，则应垫高

20cm 以上，以防霉变。

（五）消防安全带使用与维护

（1）带体围于腰部，带尾插入大方扣后，必须将插针穿入扣服，再将带尾插入蓬圈及套圈，以免带尾碰到其他物件而发生脱扣。

（2）带上两只半圆环是安全防护使用的。使用时，在环上挂装安全构或者保险钩。如需把人员吊上、吊下时，则应在两只环上分别挂装安全钩或者保险钩，使人员能保持平衡。

（3）带上的攀带，可挂其他消防工具。

（4）应经常对消防安全带作外观检查，并定期按 4500N 工作拉力作静态载荷检查（检验时，将带上的最后一排扣眼穿过大方扣的插钎，挂在牢固的结构上，载荷则应悬挂在下方的安全钩上），检查中，如发现下列情况时，应作报废处理。

①锦纶织带受磨损、灼伤或强碱、强酸的腐蚀有较大面积和深度的。

②锦纶织带经长期使用出现明显变硬、发脆的老化现象的。

③铝合金部件经长期磨损，出现明显缺陷或者受撞击后出现明显变形的。

（5）消防安全带不宜接触 120℃ 以上高温、明火、强酸、苯酚等化学溶剂，以及带有棱角的坚硬物。

（6）如有污垢时，可放入低温水内用肥皂擦洗，再用清水漂净、晾干，但不允许浸入沸水及在日光下暴晒，或用火烤。

（7）应储存在干燥、通风良好及日光晒不到的场所，如无木地板，应垫高 20cm 以上。

（六）消防安全钩的使用与维护

（1）使用前，应检查开合机构是否灵活，有无损坏，若有问题，应停止使用。如活动件有阻滞现象，可用轻质油类清洗，并滴注少量润滑油。

（2）使用时，用大拇指向上拉动保险销板钉，同时按下锁臂，使开合口张开，把安全绳件进钩内后，松开按着锁臂的大拇指，通过复位弹簧的外向弹力作用，使开合口自动闭合，保险锁同时自锁。

(3)消防安全钩不应与硬质尖锐物品撞击，避免浓厚尘土或其他污垢沾染保险销导槽，以防自锁失灵。

(4)使用后，擦拭干净，放置于干燥清洁处备用。长期保存时，应涂上润滑脂，以免锈蚀。

(5)应定期按4500N工作拉力作载荷检查，卸载后，如发现铁臂或保险销偏离原位，应停止使用。

第八节　柴(汽)油机驱动的消防泵机组

一、BDC 50型固定式消防泵组

BDC 50型固定式消防泵组见表5-28。

表5-28　BDC 50型固定式消防泵组

<table>
<tr><th>项目</th><th colspan="8">内　容</th></tr>
<tr><td rowspan="2">机组</td><td colspan="2">外型尺寸
(长×宽×高)/mm</td><td colspan="6">3700×1200×1360</td></tr>
<tr><td colspan="2">机组质量/kg</td><td colspan="6">2400</td></tr>
<tr><td rowspan="2">水泵参数</td><td>型号</td><td>扬程/m</td><td>流量/(L/s)</td><td>转速/(r/min)</td><td>最大引水深度/m</td><td>引水时间/s</td><td>额定输送泡沫混合液量/(L/s)</td><td>进水口径150mm</td></tr>
<tr><td>ED50型单级离心泵</td><td>130</td><td>50</td><td>1900</td><td>7</td><td>(吸深7m时)：<30</td><td>48</td><td>出水口径100mm</td></tr>
<tr><td rowspan="2">配套动力</td><td>型号</td><td>最大功率/kW</td><td>最大功率时转速/(r/min)</td><td colspan="2">燃油消耗率(额定功率时)/(g/kW·h)</td><td>燃油箱容积/L</td><td colspan="2">起动电瓶</td></tr>
<tr><td>6135Q型柴油机</td><td>117.6</td><td>1800</td><td colspan="2">224</td><td>166L</td><td colspan="2">24V×2</td></tr>
<tr><td colspan="3" rowspan="3">配套空气泡沫比例混合器</td><td colspan="4">型号</td><td colspan="2">PH64型</td></tr>
<tr><td colspan="4">混合液输出量/(L/s)</td><td colspan="2">16、32、48、64</td></tr>
<tr><td colspan="4">混合比/%</td><td colspan="2">6</td></tr>
</table>

二、FB 系列消防泵

（一）FB 系列消防泵的构造

FB 系列消防泵的构造见表 5-29。

表 5-29 FB 系列消防泵的构造

部 件	构造特点
1. 电动机	（1）选型。电动机消防泵选用新型 Y 系列节能电动机驱动，并且配套提供 XJ 系列启动柜 （2）特点。性能可靠，配套合理，使用方便
2. 消防泵	（1）选型。汽油机和柴油机驱动的消防泵，均选用国产定型发动机产品 （2）特点。性能良好，通用性强，使用、维护、保养十分方便，机组均设置闭式冷却系统、燃油系统及进排气系统、电启动系统为一体，为用户安装使用创建便利条件
3. 泵机组底座	（1）构造。为大型槽钢结构，进出口法兰为钢法兰 （2）特点。按标准尺寸生产，安装时可以直接与各种阀门及管件连接组成供水系统
4. 引水装置	（1）选型。新研制成功自动补偿式 （2）特点。用于泵机组引水时优于真空泵引水性能，可靠性好
5. 其他	（1）按照消防作业要求迅速可靠的特点，FB 系列消防泵在设计制造上特别注重产品的可靠性，例如为保证消防泵能在启动后迅速引水运行，水泵采用特种密封装置，水泵密闭真空度不小于 -0.085MPa （2）按用户要求为使消防管网不出现超压现象，水泵可设置泄压恒流装置

（二）FB 系列消防泵主要技术性能

FB 系列消防泵主要技术性能见表 5-30 和表 5-31。

表 5-30 FBQ 系列汽油机驱动消防泵主要技术性能表(99kW 汽油机组)

型号	基本性能			水泵			泡沫比例混合器型号	外形尺寸(长×宽×高)/cm
	流量/(L/s)	扬程/m	允许吸上真空高/m	型号	进水口径/mm	出水口径/mm		
FBQ30	30	100	7	BS30	100	80	PH32	280×84×125
FBQ40	40	100	6	BD40	125	100	PH64	290×84×125
FBQ45	45	80	6.5	IS125 BD50A	125	100	PH64	290×84×125
FBQ50	50	100	6.5	IS125	125	100	PH64	290×84×125
FBQ55	55	80	6.5	IS125	125	100	PH64	290×84×125
FBQ70	70	70	5	200S-1	200	125	PH64	290×84×125
FBQ80-I	80	63	5	200S-2	200	125		290×84×125

表 5-31 FBC 系列柴油机驱动消防泵主要技术性能表(99kW 柴油机组)

型号	基本性能			水泵			泡沫比例混合器型号	外形尺寸(长×宽×高)/cm
	流量/(L/s)	扬程/m	允许吸上真空高/m	型号	进水口径/mm	出水口径/mm		
FBC30	30	100	7	BS30	100	80	PH32	280×84×125
FBC40	40	100	6	BD40	125	100	PH64	290×84×125
FBC45	45	80	6.5	IS125 BD50A	125	100	PH64	290×84×125
FBC50	50	100	6.5	IS125	125	100	PH64	290×84×125
FBC55-II	55	80	6.5	IS125	125	100	PH64	290×84×125
FBC70	70	70	5	200S-1	200	125	PH64	290×84×125
FBC80-I	80	63	5	200S-2	200	125		290×84×125

第九节 消防泵发动机(柴油内燃机)

一、柴油内燃机的检查与保养

(一)柴油内燃机的检查

(1)检查燃料油箱，油箱从排污阀处放净油箱中的积水污物。加足洁净的燃油(柴油应沉淀48h以上，方可加至油箱)。

(2)检查燃料油管线、油路等部件有无堵塞和漏油现象。

(3)检查机油箱中的油量是否充足，润滑油路有否漏油或松动。

(4)检查给水箱中的水量是否充足。

(5)检查启动电路有无搭铁的地方。开车马达、发电机及电热塞或火花塞的电路接头处的金属表面要保持清洁，无漆皮、污物、锈蚀，且接头处连接要紧固。

(6)检查电瓶，电瓶液面应高出极板10~15mm。电水相对密度规定：夏季为1.26~1.28，冬季为1.28~1.30；电压为12V、24V。

(7)检查内燃机各主要连接和固定部分，要求牢固可靠，活动处应灵活无阻。

(二)柴油内燃机保养等级和周期

柴油内燃机保养等级和周期，按表5-32规定执行。

表5-32 柴油内燃机保养等级与周期

保养等级		一级保养	二级保养	三级保养
保养周期	时间/h	35~40	100~110	300~350
	里程/km	1300~1500	4000~4500	12000~18000

(三)柴油内燃机一级保养

柴油内燃机一级保养的主要内容见表5-33。

表5-33 柴油内燃机一级保养的主要内容

保养内容	作业内容及主要规范
空气滤清器	拆下滤清器，清洗外表及滤芯，检查变形、毡垫、胶垫有无损坏，各处有无阻塞、短路之处，必要时更换机油(滤芯须浸柴油或薄机油甩干后再用)
机油滤清器	检查机油泵是否灵活有效，转轴与床垫是否漏油
水泵	检查是否漏水，并拧紧水管支架螺栓，润滑轴承
风扇皮带	检查有无破裂现象。调整松紧程度100~15cm，并润滑风扇轴承

续表

保养内容	作业内容及主要规范
油门拉杆	在活动节处加机油 2 ~ 3 滴
润滑系统	检查油管接头是否渗漏
燃料系统	检查油箱、油管有无漏油
喝风装置	检查拉杆是否灵活
发动机支架	检查螺栓、铁板支架等有无损坏，并拧紧螺栓
电瓶	清洁、检查柱头、螺栓，检查酸溶液相对密度及有无渗漏之处。补充酸溶液须高于极板 15mm。畅通通气孔

(四)柴油内燃机二级保养

柴油内燃机二级保养的主要内容见表 5-34。

表 5-34 柴油内燃机二级保养的主要内容

保养内容	作业内容及主要规范
一级保养各项	同一级保养
汽门	校正间隙，并检查摇臂轴与套松旷情况。垫片有无漏油，检查汽门偏盖是否漏油，必要时更换垫片
油底壳	拆下清洗内外，更换新机油
柴油滤清器	放出脏油，拆开清洗内外。更换滤芯，检查回油阀效能，检查各接头垫片是否渗漏
高压油泵	清洗外表，拧紧固定螺栓及接盘螺栓。检查胶轮有无松旷。更换油底机油，调速器补充机油
供油泵	拆下油杯，清洗滤油阀，检查供油效能，各接头垫片是否渗漏
喷油咀	发动引擎，检查各缸工作情况，必要时拆下检修校正或更换总成
汽油泵	检查泵油情况
分电器	检查白金烧损情况，必要时拆下进行修磨，校正间隙为 0.45mm 并使接触吻合，润滑轴承及六角头或四角头，检查高压线有无破损
火花塞	拆下，清除积炭，校正间隙为 0.7 ~ 0.8mm，并进行压力跳火试验

(五)柴油内燃机三级保养

柴油内燃机三级保养的主要内容见表5-35。

表5-35　柴油内燃机三级保养的主要内容内容

保养内容	作业内容及主要规范
一、二级保养	同上面表5-33和表5-34的一、二级保养
气缸盖	卸下清理试验汽门弹簧，测量导管间隙，必要时加热更换，更换气缸床，用扭力计按规定拧紧汽缸盖螺栓
气缸体	外部检查有无漏水，刮除缸口台阶，测量气缸磨损程度

二、柴油内燃机的修理

一般修理可由汽车司机班或委托汽车修理部门进行。

三、柴油内燃机的试运转

(1)内燃机启动前，应进行下列复查、调整和准备工作。

①检查飞轮与联轴节的连接螺栓、机座底脚螺栓和地脚螺栓的紧固情况。

②各种仪表应完好齐全，装设位置应正确。

③操纵系统的动作应灵活可靠。

④燃油、润滑油、冷却水和液压系统内应分别注入符合设备技术文件规定的工作介质，并排出空气，有辅助泵者应开动辅助泵进行循环，检查各种介质的清洗情况。

⑤润滑油路应畅通，在开动润滑油泵(或手摇润滑油泵)时各润滑点处应有油流出。

⑥燃油、润滑油、冷却水的压力和温度，均应符合设备技术文件规定。

⑦开启各缸示功网或启动减压装置，盘动曲轴进行检查，不应有不正常响声和阻滞；用压缩空气启动的柴油机，尚应用压缩空气冲动曲轴数转。

⑧环境温度低于5℃应按设备技术文件规定进行预热。

(2)内燃机试运转时的负荷和时间应符合相关技术说明书规定。

(3)试运转中停机检查时，应对下列项目进行检查：

①主轴承、连杆轴承、增压器轴承、凸轮轴轴承、传动装置轴承和十字头式柴油机的导板、滑块的工作情况。

②运动件锁紧装置的锁紧情况。

③十字头式柴油机在75%负荷以上运转后的活塞环磨合情况。

(4)内燃机在试运转中应符合下列要求：

①润滑油压力和温度、冷却水进出口温度，应符合设备技术文件的规定。

②各机件接合处和管路均不应有漏油、漏水和漏气现象。

③运动件运动应平稳均匀、无异常发热。

④机器内部不应有不正常响声。

⑤增压器运动应平稳。

⑥排气烟色应正常。

⑦各参数不应有急剧变化。

⑧各附属装置工作良好。

(5)试运转完毕停机后，有辅助润滑泵和冷却水泵的内燃机，应使润滑油、冷却水继续循环一段时间，防止燃烧室或轴承过热。

(6)试运转完毕后，应复查机座底脚螺栓的紧固情况，柴油机与从动机的连接情况，有曲轴臂距差要求者应复查轴臂距差。

第十节　机动消防泵(手抬消防泵)

一、检查周期与内容

机动消防泵检查周期与内容见表5-36。

表 5-36　机动消防泵检查周期与内容

检查周期	检查内容
1. 通常检查	每次使用或操作后，应清除外部灰尘、油污并进行以下检查 (1)零部件的连接是否紧固 (2)机油量是否充足 (3)油箱是否有沉淀物析出，如有或燃料存放超过 3 个月，必须配制新燃料，同时清洗油箱、滤清器、化油器及管路等 (4)对电启动手抬泵，要检查蓄电池内电解液面。蓄电池要及时充电
2. 累计使用50h 检查	(1)检查气门与推杆间隙，火花塞电极间隙，白金触点间隙 (2)对电启动手抬泵，要检查电刷的弹簧压力，检查蓄电池、调节器、电动机及开关之间的连接导线是否有松动或损坏，绝缘是否良好
3. 累计使用100h 检查	(1)完成累计使用 50h 的检查 (2)检查化油器、空气滤清器纸芯、风扇、风罩、气缸盖、气缸体散热片等的清洁情况 (3)检查磁电动机转子与定子间有无摩擦，高、低压线有无松动、烧蚀、漏电现象 (4)对电启动手抬泵，检查换向器钢片磨损情况，磨损严重失圆超过 0.2mm，及时处理
4. 累计使用400h 检查	(1)完成上述三项检查 (2)拆下活塞连杆组，检查活塞和环的磨损情况，清除活塞油孔和槽中的积炭，检查活塞环在气缸中的开口间隙，超过 2mm 或严重失去弹性时，则应更换。活塞销与铜套磨损严重时应更换铜套 (3)检查曲轴曲柄销与连杆大头孔的间隙，当间隙超过 0.10mm 时，则应修磨连杆与盖的结合面，然后与曲柄销配刮，使贴合面在 75% 以上 (4)调节器发生故障时，应先切断电源，然后进行检查

二、故障分析及排除

(一)四冲程机动消防泵的常见故障及排除方法

四冲程机动消防泵的常见故障及排除方法见表 5-37。

表 5-37　四冲程机动消防泵的常见故障及排除方法

故　障	原　因	排除方法
1. 启动困难	(1)汽油箱内无汽油或汽油开关未打开 (2)汽油流道阻塞 (3)节气门未开 (4)燃油不纯 (5)火花塞电极间隙有问题 (6)断电器触点烧蚀不洁或间隙不对(有触点点火型) (7)控制盒内电子元件损坏(尤触点点火型) (8)未垫好进气弯管垫片 (9)气门密封性不好或有胶结在气门导管内 (10)启动绳抽拉速度过慢 (11)汽油管内有空气	(1)加注汽油或开启汽油开关 (2)将其疏通 (3)打开节气门 (4)更换燃油 (5)调整间隙到规定值或清洗更换 (6)更换、揩净或调整间隙 (7)换新控制盒 (8)垫好并旋紧螺栓 (9)检修、研磨清洗 (10)站立适当位置，用力快拉 (11)拔下汽油管接化油器一端，打开汽油开关，使汽油流出排净气泡，再重新装好
2. 启动后立即停车或转速不稳	(1)阻风门使用不当 (2)燃料系统阻塞 (3)汽油管内有汽泡 (4)汽油中有水分或杂物 (5)化油器中油平面不正常 (6)电路系统接头松弛 (7)断电器触点烧蚀不洁(有触点点火型) (8)控制盒电子元件性能不稳(无触点点火型) (9)气门密闭性不好 (10)气缸盖衬垫漏气 (11)汽油箱中汽油太少 (12)汽油箱盖上通气孔阻塞	(1)冷机启动，阻风门从关闭直至启动后再到全开 (2)清除汽油箱、汽油滤清器、汽油管和化油器的杂质 (3)消除汽泡方法同上 (4)清洗有关机件并换优质车用机油 (5)检修并清洗汽化器 (6)检查并予以紧固 (7)换新或揩净 (8)更换新控制盒 (9)检修研磨气门 (10)换新或扳紧气缸盖螺栓 (11)加汽油 (12)疏通通气孔

续表

故　障	原　因	排除方法
3. 马力不足	(1)汽油中混入了机油 (2)化油器阻风门、节气门未开足 (3)断电器触点烧蚀、不洁或间隙不对(有触点点火型) (4)气门密封性不好、间隙不对 (5)活塞环磨损过多、折断或粘在槽内 (6)烧烧室内壁积炭严重 (7)气缸盖补垫漏气	(1)更换优质享用汽油 (2)开足阻风门、节气门 (3)换新、揩净或调整间隙为0.4~0.6mm (4)检修、研磨、调整间隙 (5)换新或清洗 (6)刮净并清洗 (7)换新或拧紧气缸盖螺栓
4. 有敲击声	(1)润滑油不足 (2)汽油机过热 (3)断电器触点间隙过大，点火时间过早(有触点点火型) (4)燃烧室内壁积炭多 (5)连杆大端轴承因磨损间隙过大 (6)边杆小端轴承过多 (7)活塞或气缸套磨损过多 (8)进排气门间隙过大 (9)汽油牌号不适合	(1)添加汽油机润滑油 (2)检查冷却空气流道有否受阻，特别是散热片处 (3)调对触点间隙，使点火在上止点前规定值 (4)刮净并清洗 (5)检修或换新 (6)检修或换新 (7)检修或换新 (8)调整 (9)换用合适汽油牌号
5. 压缩不良	(1)火花塞未旋紧，漏气 (2)气缸衬垫漏气 (3)气门密封性不好或胶结在气门导管内 (4)活塞环磨损过多、折断或黏住 (5)活塞或气缸套磨损过多 (6)进、排气门间隙不对	(1)旋紧并检查有无垫圈 (2)换新或扳紧气缸盖螺栓 (3)检修、研磨或清洗 (4)检修或换新 (5)检修或换新 (6)调对
6. 排气黑烟过多	(1)化油器浮子卡住、损坏或针阀漏油 (2)活塞、活塞环或气缸磨损严重 (3)化油器阻风门关得太小 (4)断电器触电间隙过大或过小(有触点点火型)	(1)检修或换新 (2)调整 (3)全开阻风门 (4)间隙调整为0.4~0.6mm

续表

故障	原因	排除方法
7. 汽油机过热	(1)断电器触点间隙过小(有触点点火型) (2)或气缸盖的散热片间积垢或冷却空气流道受阻 (3)润滑油不足或不良 (4)曲轴箱通风间不洁或工作不正常 (5)混合气体过多	(1)间隙调整为0.4~0.6mm (2)清除积垢或使空气流道畅通 (3)加注或更新新的润滑油 (4)清洗或检修 (5)关小化油器阻风门
8. 化油器回火放炮	(1)进气门堵塞 (2)进气门漏气 (3)进气门磨损严重 (4)进气门裂纹 (5)过排气门间隙太小	(1)清洗 (2)检修或研磨 (3)更新 (4)换新 (5)调整
9. 引水不上	(1)吸水管破裂或脱层而致漏气 (2)吸水管压扁 (3)吸水管接口上的密封垫圈损坏或遗失 (4)吸水管接口未旋紧 (5)吸水管滤网端未全部浸入水内或陷泥中 (6)水泵壳下部放泄存水的螺塞未旋紧 (7)水泵壳中的胶质密封环漏气 (8)水源离泵口高度太大 (9)吸水时发动机转速太低 (10)吸水管弯曲处因高于水泵进水口而形成气囊	(1)水压检查，及时换新 (2)扩圆或更换 (3)换新或装上 (4)坚固 (5)全部浸入水内或在滤网外部套竹篓 (6)紧固 (7)修整或换新 (8)吸水高度不允许超过规定值 (9)手抬泵应中速引水，但确有引水困难，可将转速适当提高 (10)降低高度

(二)二冲程机动消防泵的常见故障及排除方法

二冲程机动消防泵的常见故障及排除方法见表5-38。

表 5-38　二冲程机动消防泵的常见故障排除方法

故　障	原　因	排除方法
1. 启动困难	(1)燃料箱无燃料 (2)燃料箱的螺钉未旋松 (3)启动时，未揿压燃料泵或揿压次数过多 (4)燃料系统被堵塞 (5)燃料混合比不对，过多机油沉在底部 (6)燃料中含有水或挥发性差 (7)火花塞有问题，如间隙过大、积炭等 (8)启动时绳拉速度过慢	(1)加油 (2)调整 (3)重新启动 (4)清洗疏通 (5)更换燃油 (6)更换燃油 (7)调整、清理或更换 (8)用力快拉
2. 启动后又自动停止运转	(1)阻风门操作不当 (2)燃料供给系统有阻塞	(1)调整操作方法 (2)疏通
3. 发动机有冲击声	(1)早燃，活塞顶、气缸顶积炭严重 (2)活塞环与气缸过紧 (3)活塞销与轴套、轴壳箱、轴磨损过大	(1)刮净并清洗 (2)检修或更换 (3)检修或更新
4. 发动机有爆炸声	(1)混合燃料中混有水 (2)化油器液面过高，浮子室三角针阀被脏物隔住 (3)火花塞严重积炭 (4)高压线因损坏而漏电或搭铁	(1)更换新油 (2)调整清洗 (3)刮净 (4)更换新线
5. 发动机过热	(1)燃料混合比失调 (2)冷却系统出故障 (3)交换器手柄位置不对	(1)更新换油 (2)调整修理 (3)调整位置
6. 水泵不出水	(1)吸水管漏气 (2)引水时未关出水阀或开的过早 (3)吸水管或水泵内有异物堵住 (4)吸水高差太大 (5)初级箱忘记加水，或交换器手柄位置不对	(1)修理或更新 (2)重新作业 (3)清除 (4)降低高度 (5)加水、调整位置

续表

故　障	原　因	排除方法
7. 水泵压力不高	(1)阻风门未全开 (2)化油器 (3)火花塞严重积炭或漏电 (4)气缸，压缩空气窜入轴箱使功率下降 (5)发动机过热，使燃烧恶化 (6)由于电气或供油问题，造成单缸工作 (7)水泵放水阀未关 (8)泵内有异物，吸水管漏气或有异物 (9)燃料接近用完，出现燃料断续供应	(1)开足阻风门 (2)重新调整 (3)刮净或更换 (4)检修或更新 (5)检修 (6)检修电气、疏通油路 (7)关阀 (8)清洗、补油 (9)充油

三、报废条件

凡符合下列条件之一，可申请报废：

(1)国家限期更新或淘汰的产品。

(2)经大修后其技术性能仍达不到出厂标准。

(3)大修费用超过设备原值 50%。

(4)泵体、泵盖或缸体损坏无法修复。

(5)因泵自身原因，泵流量低于额定流量 30% 以下。

(6)配件无来源。

第六章　正压型空气呼吸器

第一节　正压型空气呼吸器的结构与原理

正压型空气呼吸器的供气机构能按佩戴者的需要供给新鲜空气，即向佩戴者提供的新鲜空气量等于佩戴者的吸气量。在佩戴者使用时，全面罩内的压力始终高于环境大气的压力。

一、呼吸器的用途

RHZK 正压型空气呼吸器是一种自给开放式空气呼吸器。它广泛地用于消防、化工、船舶、石油、冶炼、仓库、试验室、矿山等部门，消防队员、抢险救护人员佩带 RHZK 正压型空气呼吸器在浓烟、毒气、蒸汽或缺氧的各种环境中安全有效地进行灭火、抢险、救灾和救护工作。

RHZK 正压型空气呼吸器是一种正压型呼吸保护装置。它配备有视野广阔、明亮、与面部贴合良好气密的全面罩，使用过程中，全面罩内的压力始终大于周围环境的大气压力。因此，佩戴 RHZK 正压型空气呼吸器安全可靠。

RHZK 正压型空气呼吸器设置的余压报报警器，在佩戴者左胸前，在规定的气瓶压力下，可向佩戴者发出声响信号，便于使用人员及时撤离现场。由于余压警报器在佩戴者胸前，即使现场有多台空气呼吸器发出报警音响，也能非常方便地区分出是谁佩戴的空气呼吸器警报器报警，增强了产品使用的安全性。

RHZK 正压型空气呼吸器具有体积小、重量轻、操作简单、安全可靠、维护方便的特点，是油库从事抢险救灾、灭火、有限空间的理想产品。

二、呼吸器的结构和基本部件

(一)正压型空气呼吸器的结构

正压型空气呼吸器的结构有三种类型，见图6-1。

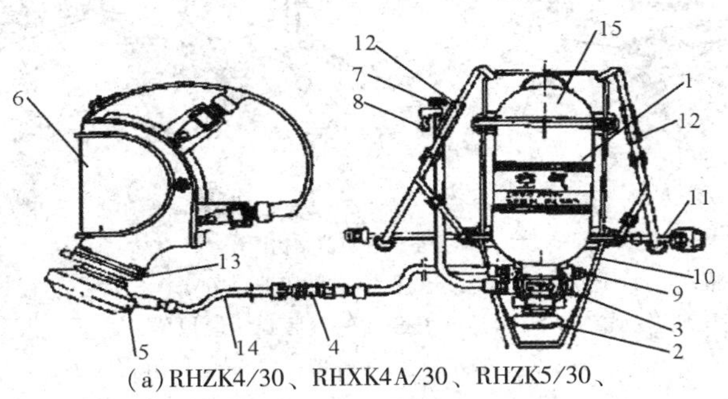

(a)RHZK4/30、RHXK4A/30、RHZK5/30、

HZK5A/30、RHZK6/30、RHXK6A/30

正压型空气呼吸器结构图

1—气瓶；2—气瓶开关；3—减压器；4—快速插头；5—正压型空气供给阀；

6—正压型全面罩；7—气源压力表；8—气瓶余压警报器；9—中压安全阀；

10—背托；11—腰带；12—肩带；13—正压型呼气阀；

14—中压软导管；15—钢瓶胶套；

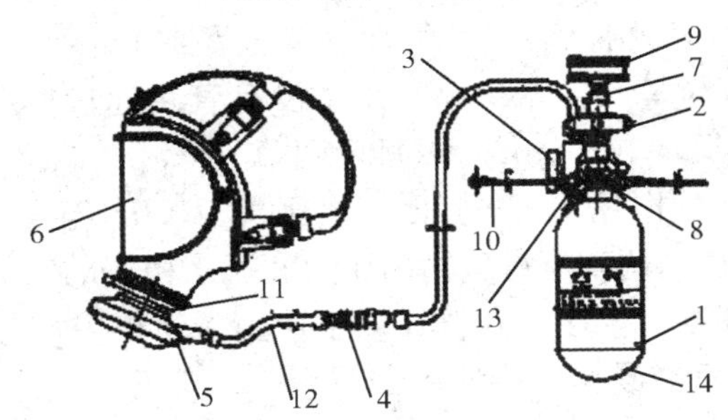

(b)RHZK3/30、RHZK3A/30

正压型空气呼吸器结构图

L—气瓶；2—气瓶开关；3—减压器；4—快速插头；5—正压型空气供给阀；

6—正压型全面罩；7—压力表导管；8—气瓶余压警报器；9—气源压力表；

10—挎带；11—正压型呼气阀；12—中压软导管；13—中压安全阀；14—钢瓶胶套

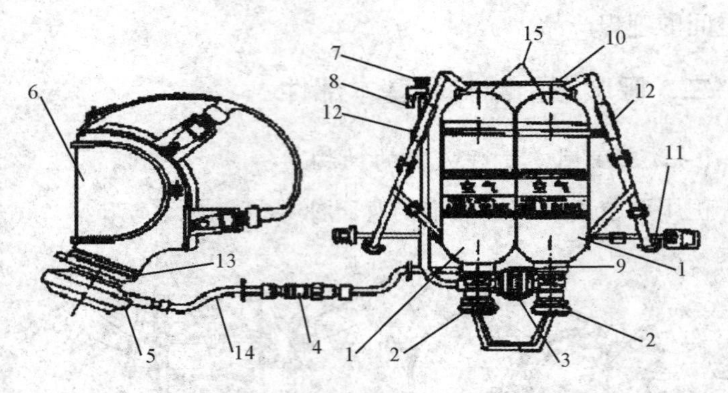

(c) RHZK4 ×2/30、RHZK5 ×2/30、RHZK6 ×2/30

正压型空气呼吸器结构图 c

1—气瓶；2—气瓶开关；3—减压器；4—快速插头；5—正压型空气供给阀；6—正压型全面罩；7—气源压力表；8—气瓶余压警报器；9—中压安全阀；10—背托；11—腰带；12—肩带；13—正压型呼气阀；14—中压软导管；15—钢瓶胶套

图 6-1　空气呼吸器结构

(二) 基本部件的结构和作用

1. 集成组合式减压器

所谓集成组合式减压器，就是将减压器及其附属件(中压安全阀、气源压力指示装置、气源余气报警器)集于一体的结构，这样使其结构紧凑，体积小，基本没有管路连接，接头少，压力气体泄漏几率较小，使用性能和可靠性好。其结构见图 6-2。

减压器的作用是把高压气体压力从 30MPa 降至 0.45 ~ 0.85MPa，自动调整流量，输出压力和流量稳定的空气，以满足人体呼吸需要。同时，由于其减压作用，使得减压器到空气供给阀连接软管容易密封，使用方便。

减压器的工作原理(图 6-2)是通过压力调节弹簧压力和中压腔 B 的气体压力平衡来控制活塞上下移动，从而带动阀杆运动，使得阀杆与阀座的间隙减小或增大，控制进入中压腔的空气量，保证其输出压力在 0.45 ~ 0.85MPa 范围内。当减压器气体输出量减少为零时，由于中压腔 B 内气体压力的上升，将导

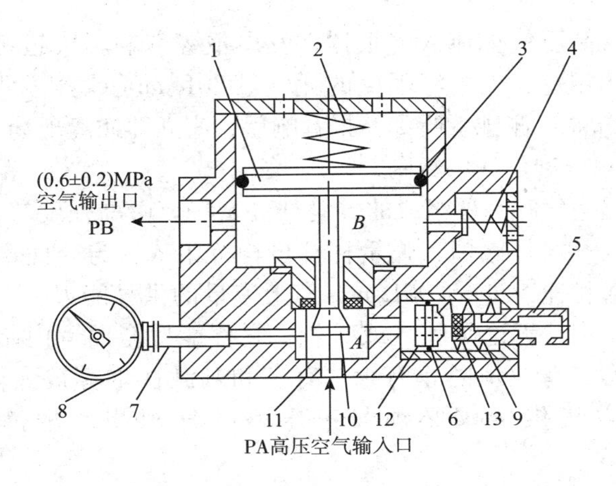

图 6-2　集成组合式减压器结构和工作原理示意图

1—活塞；2—压力调节弹簧；3—O 形密封圈；4—中压安全阀；
5—气源余气报区警器；6—警报器密封圈；7—压力表导管；8—气源压力表；
9—报警器调节弹簧；10—阀杆；11—阀门；12—开启顶尖；13—阀门垫

致活塞 1 向上运动，阀杆 10 和阀门 11 之间的间隙逐渐减小，最终完全关闭。

由图 6-2 可以看出，中压腔 B 和减压器输出端、中压安全阀 4 相通。高压腔 A 和气体输入端、压力表导管 7 及气源余气报警器 5 相通。

2. 中压安全阀

中压安全阀的作用是当减压器失去对高压空气的减压作用(如减压弹簧损坏或膜片、阀门损坏)时，中压安全阀开启，高压空气经安全阀泄压后再保持较低的压力输出，避免高压空气直接输出，发生意外。当减压器腔室内的压力为(1 ±0.2) MPa 时，中压安全阀应开启。

应当注意：当中压安全阀有气体泄漏时，应及时检查和维修减压部分，不要错误地认为是中压安全阀的故障。

3. 气源余压警报器

当气瓶内压力降至 4 ~6MPa 时，警报器在弹簧力作用下自动开启，高压气体流入警报器，发出报警音响。从起鸣后到气瓶内气体用完，以中等强度的耗气量 30L/min 计算，可继续使用 6～10min。佩戴者听到警报音响后，应立即撤离现场。

4. 正压型空气供给阀

它是空气呼吸器组成的关键部件之一，由高强度塑料壳体、橡胶膜片、摇杆阀门、弹簧杠杆机构等组成，与全面罩空气输入软导管相连，具有 200L/min 以上流量的供气能力。在佩戴者使用过程中，无论是呼气或吸气，它都能使全面罩内始终处于正压状态，有效地防止有毒、有害和刺激性烟雾被人体吸入。正压型空气供给阀必须与正压型呼气阀相匹配。其结构见图 6-3。

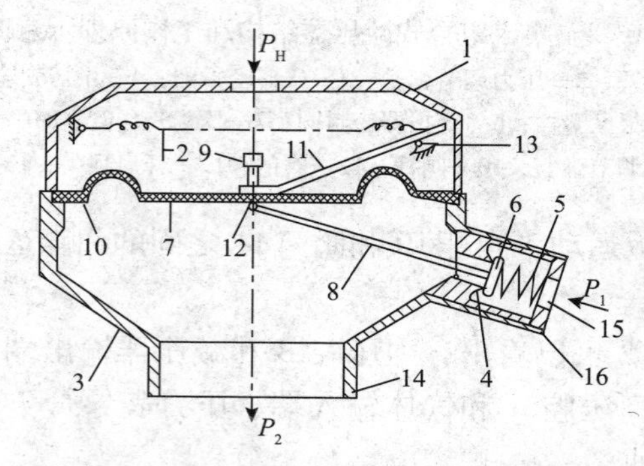

图 6-3　正压型空气供给阀结构示意图

1—上盖；2—拉簧；3—下盖；4—输入阀门座；5—弹簧；6—摇杆阀门；7—膜片衬板；8—摇杆；9—连接杆；10—膜片；11—杠杆；12—摇杆触头；13—杠杆支点；14—输出口；15—输入口；16—套筒；P_H—环境大气压力；P_1—输入气体压力；P_2—输出气体压力

空气供给阀通常有两种状态，一种是非工作状态，另一种是工作状态。非工作状态转向工作状态是通过吸气或手动按压杠杆实现。

工作原理是正压型空气供给阀处于非工作状态时，杠杆 11 和膜片 10 处于基本平行，略向上倾斜的位置，杠杆 11 通过连接杆 9 带动膜片 10 使其和摇杆触头 12 脱离，在弹簧 5 的作用下，摇杆阀门 6 和输入阀门座 4 贴合。输入口即使有中压空气输入，输入阀门也保持气密，气体不能流出。

工作时，输入口有中压空气 P_1 进入，在压力 P_1 作用下阀门保持气密。在启动力(即佩戴者第一次吸气时，膜片 10 下产生一个负压)的作用下，膜片 10 在大气压作用下向输出口 14 方向运动，并通过连接杆 9 带动杠杆 12 向同一方向运动，使拉簧 2 产生对膜片 10 的压力，加速膜片下移，触压摇杆头 12，使摇杆 8 摆动，压缩弹簧 5 使摇杆阀门与阀座之间形成一个间隙，中压空气即进入膜片下方，产生气压 P_2。在诸力作用下，膜片处于平衡位置，间隙则保持一定，此时输出流量等于输入空气供给阀的流量。

当输出流量增加或减少时，膜片下的空气压力 P_2 就会减小或增大，膜片就会下移或上升，摇杆移动，使摇杆阀门与阀座之间的间隙增大或减小，自动调节进入空气供给阀的空气流量，使其输出流量稳定，使膜片重新处于平衡位置。

当输出流量为零时(即呼气状态)，膜片下压力上升，膜片上移，使得摇杆阀门与阀门座贴合，中压空气不再进入膜片下方，使膜片处于零输出平衡位置。

从上述可知，膜片上方作用力有大气压和弹簧力，下方作用力有空气压力 P_2，膜片要保持平衡，膜片下的空气压力一定大于大气压。即无论处于何种工作状态，空气供给阀均能保证输出正压气体。

5. 正压型呼气阀

正压型呼气阀是面罩内始终处于大于大气压状态下才能排出气体的阀门。它由阀体、阀座、阀门、弹簧和调整螺钉等组成。其结构见图 6-4。

工作原理是在吸气时，在面罩内正压气体的作用下，呼气阀片 2 上的力小于弹簧 4 通过衬板 3 作用在呼气阀片 2 上的力，呼气阀关闭。在呼气时，由于面罩内人体呼出的气体作用在呼气阀片 2 上的力大于弹簧 4 通过衬板 3 作用在呼气阀片 2 上的

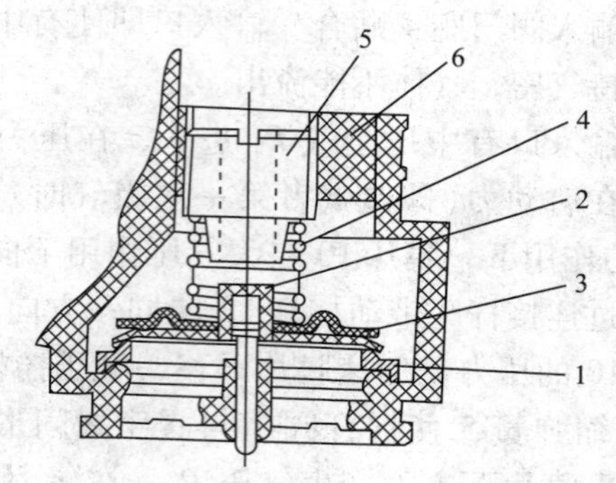

图 6-4　正压型呼气阀结构示意图

1—呼气阀座；2—呼气阀片；3—衬板车；4—弹簧；
5—调整螺钉；6—调整座

力，呼气阀开启，人呼出的气体通过呼气阀排出。由于在整个呼气过程中，面罩内的气体压力高于环境大气压，所以外界大气不会经过呼气阀进入全面罩。

正压型呼气阀开启的压力值大于正压型空气供给阀的零输出压力情况为二者匹配；反之，正压型呼气阀开启的压力值小于正压型空气供给阀的零输出压力情况为二者不匹配。

当二者匹配时，在呼气或屏气时，由于正压型呼气阀开启的压力值大于正压型空气供给阀的零输出压力，所以在正压型呼气阀开启前，空气供给阀停止空气的输出。因此听不到正压型空气供给阀空气输出的“嗞嗞”声。

当二者不匹配时，在呼气或屏气时，由于正压型呼气阀开启的压力小于正压型空气供给阀的零输出压力，所以在没有达到零输出压力前，呼气阀就开启了，永远实现不了不输出压力。因此空气供给阀输出空气，这部分空气通过呼气阀排出，其时会听到空气供给阀空气输出的“嗞嗞”声。

6. 全面罩

它是一种单眼窗、大视野、双层环状片密封的正压型全面罩，用橡胶模压制成。它由目镜、口鼻罩、阀座、传声器、双层环状片密封体、头带等组成。

(1)目镜。单眼式在面罩的正前方安装粘接面较大的有机玻璃曲面目镜，视野开阔。

(2)口鼻罩。口鼻罩安装在面罩的内下方，可与人的口鼻良好吻合，不影响佩戴者的正常呼吸与发声，减小了空气消耗量和实际有害空间，也减小了吸气阻力。同时还有效地防止呼出气体在目镜上挂雾气。

(3)阀座。在面罩下方的两侧各有一只带内螺纹的阀座，左侧阀座安装空气供给阀，右侧阀座安装呼气阀。呼气阀上还有防尘盖，但并不妨碍排气。

(4)传声器位于面罩下方的两阀座之间，可将佩戴者的讲话声清晰地传出。

(5)双层环状片密封体位于面罩四周，能保证和人体面部、额头贴合良好。使人的面部、额头既不感到压迫疼痛，又保持面罩内部密封，与外界环境大气之间保持良好的气密性。

(6)头带。在全面罩后都有5根用橡胶模压制成的头带，其端部双面均有肋纹，可分别与相应的金属扣连接，使面罩携带固定在佩戴着头部的适宜位置上。

7. 气源压力指示装置

它由高压导管和压力表组成，用于指示气瓶内的储存压力。其压力表是弹簧管式压力表，压力量程为0～40MPa。高压导管和压力表外壳设有保护罩，防止冲撞时损坏。

8. 中压软导管和快速接头

中压软导管是胶质夹布胶管，它与快速接头组成空气输出软导管，其一端连接空气供给阀，另一端连接减压器。

快速接头有两种结构型式，一种是不带防倒退脱离装置，另一种是带防倒退脱离装置。快速接头由接头和接头座组成，当两个部件未连接时，连接减压器的软导管快速接头座是闭锁的，即使打开气瓶阀，仍然保持气密，不会泄漏。当连接空气供给阀的快速接头插入接头座，使两者完全结合时，则闭锁机构被打开，使气体经软管通入空气供给阀。

快速接头的作用：一是方便着装佩戴、检查和维修。佩戴或检修时，断开快速接头，使佩戴和检修方便，防止因不慎、碰撞，损坏呼吸器组件；二是断开快速接头，接上三通型插座，一台呼吸器就可供两人使用，为作业救护提供了条件。

9. 背托及背带

它是通用型的，可根据使用需要，安装3L、4L、5L、6L(即3L×2)等不同容积的气瓶。背托及背带上的各种附件均用不锈钢制成，负荷分布对称均匀，佩戴者手臂可自由活动，便于开、关气瓶阀。背带由腰带和肩带组成，采用涤纶织带，其长度可自由调节，在肩带的靠肩部位用海绵作衬垫，佩戴舒适。

三、呼吸器的工作原理与综合技术性能

(一)工作原理

打开气瓶阀，高压空气进入减压器，将30MPa压力的空气减至适当的压力，同时压力表指示出气瓶内的储存压力值。减压后的压缩空气经中压软导管、快速接头进入正压型空气供给阀。吸气时，空气供给阀开启，呼气阀关闭，空气供给阀经全面罩按佩戴者的吸气量供气，空气吸入肺部，并使全面罩在整个佩戴过程中始终保持大于大气压力。呼气或屏气时，空气供给阀关闭而呼气阀开启，人体呼出的浊气经过呼气阀直接排入大气。这样气体始终沿着一个方向流动而不会逆流。

(二)综合技术性能

RHZK正压型空气呼吸器的综合技术性能见表6-1。

表6-1 空气呼吸器的综合技术性能

型号 规格	RHZK 3/30	RHZK 4/30	RHZK 5/30	RHZK 6/30	RHZK 4×2/30	RHZK 5×2/30	RHZK 6×2/30
总重量/kg≤	6.5	8.5	9.5	10.5	14	16	18
气瓶工作压力/MPa	30	30	30	30	30	30	30

续表

规格＼型号	RHZK 3/30	RHZK 4/30	RHZK 5/30	RHZK 6/30	RHZK 4×2/30	RHZK 5×2/30	RHZK 6×2/30
气瓶容积/L	3	4	5	6	4×2	5×2	6×2
气瓶储气量/L	900	1200	1500	1800	2400	3000	3600
携带气瓶数量/只	1	1	1	1	2	2	2
使用时间/min	28～30	38～40	48～50	58～60	75～80	90～100	110～120
最大供气量/(L/min)	300	300	300	300	300	300	300
外形尺寸/mm	600×110×110		620×250×150			620×280×150	
使用方式	正压型	正压型	正压型	正压型	正压型	正压型	正压型

注：使用时间按中等劳动强度计算。RHZK3/30 和 RHZK6×2/30 外形尺寸不同外，其余外形尺寸相同。

第二节　正压型空气呼吸器使用维护

在油库中，正压型空气呼吸器不仅在火灾条件下使用，更多是在油罐清洗等作业活动中使用。因此，专职消防人员应熟悉其使用维护方法，参加油罐清洗作业的人员也应当熟悉其使用维护方法。

一、呼吸器使用前的准备工作

(1)检查全面罩的镜片、系带、环状密封、呼气阀、吸气阀是否完好，有无缺件和正压型空气供给阀的连接位置是否正确，连接是否牢固。全面罩的各部位要清洁，不能有灰尘，不能被酸、碱、油及有毒有害物质污染，镜片要擦拭干净。

(2)正压型空气供给阀的动作是否灵活，有否损坏。

(3)气源压力指示装置的压力表有无损坏，能否正常指示压力。它的连接是否牢固。

(4)中压导管是否老化，有无裂痕，有无漏气处，它和正压型空气供给阀、快速接头、减压器的连接是否牢固，有无损坏。

(5)背带、腰带是否完好，有无断裂处。

(6)空气瓶固定是否牢固，它和减压器连接是否牢固、气密。

(7)打开空气瓶开关，随着管路、减压系统中压力的上升，会听到气源余气警报器的响声。

(8)关闭气瓶阀，观察压力表的读数变化，在5min时间内，压力表读数下降应不超过4MPa，说明供气管系高压气密性良好。否则，应检查各接头部位的气密性。

(9)通过正压型空气供给阀的杠杆，轻轻按动空气供给阀膜片组，使管路中的空气缓慢地排出，当压力下降至4～6MPa时，报警器发出报警音响，并且连续响到压力表示值接近零时。否则，就要重新校验警报器。

(10)检查正压型空气供给阀和全面罩是否匹配。戴上呼吸器打开气瓶开关，按压空气供给阀杠杆使其处于工作状态。在吸气时，正压型空气供给阀供气，有明显的“咝咝”响声；在呼气或屏气时，空气供给阀停止供气，没有“咝咝”声，说明匹配良好。如果在呼气或屏气时，空气供给阀供气，可以听到“咝咝”声，说明不匹配。应核验正压型呼气阀的通气阻力，或调换全面罩，使其达到匹配要求。

(11)根据使用情况定期进行上述项目的检查。不使用时，每月应检查一次。

二、呼吸器佩戴使用

(1)佩戴时，先将快速接头断开(以防在佩戴时损坏全面罩)，然后将背托背在人体背部(空气瓶开关在下方)，根据身材调节好后带、腰带并系紧，以合身、牢靠、舒适为宜。

(2)检查全面罩的镜片是否清洁、明亮；全面罩其他部位是否清净，有无污物。理好全面罩和消防头盔的结合部位，将快速接头接好后，全面罩上的长带套在脖子上，使用前全面罩置于胸前，以便随时佩戴。

(3)使用时先将空气供给阀的转换开关(即杠杆)置于关闭位置，打开空气瓶开关，检查压力，估计使用时间。

(4)戴好全面罩(可不用系带)进行2~3次深呼吸，应感觉舒畅；屏气或呼气时，空气供给阀停止供气，无“咝咝”声；用手按压正压型空气供给阀的杠杆，检查其开启或关闭是否灵活。一切正常时，将全面罩系带收紧；收紧程度以既要保证气密，又感觉舒适，无明显的压痛为宜。

(5)检查全面罩与面部贴合是否良好并气密。其方法是关闭空气瓶开关，深呼吸数次，将空气呼吸器管路系统的余留气体吸尽。全面罩内保持负压，在大气压作用下，全面罩有向人体面部移动感，呼吸困难，证明全面罩和呼气阀有良好的气密性。试验时间不宜过长，深呼吸几次气体就可以了。

检查合格后，应及时打开气瓶开关，然后深吸一口气(或用手按压杠杆)，使转换开关自动开启，即能供给佩戴者适量的空气。

(6)佩戴者在使用过程中，应随时观察压力表的指示值，根据撤离到安全地点的距离和时间，及时撤离作业现场。或听到警报器发出报警信号后及时撤离作业现场。

(7)撤离现场后，将全面罩系带卡子松开，摘下全面罩，同时将空气供给阀的转换开关置于关闭位置，从身上卸下呼吸器并关闭气瓶开关。

(8)拨开快速接头时，不要带气压拨开，必须等空气瓶开关关闭后管路中残留的空气从空气供给阀中释放出来后，再拨开快速接头。

三、呼吸器使用后的处理

(1)拧下全面罩上的空气供给阀，使用中性或弱碱性消毒液洗涤全面罩的口鼻罩及和人体面部、额头接触的部位，擦洗呼气阀片，最后用清水擦洗。洗净的部位应自然干燥。

(2)卸下背托上的空气瓶，擦净装具上的油雾、灰尘，并检查有无损坏的部位。

(3)空气瓶充气。充气方法有三种，可根据具体情况选用。

①用充有洁净新鲜空气的容积为40L，充气压力为15MPa的气瓶为气源，再用AEI02型(最大输出压力为30MP。)充填泵向空气瓶充气至30MPa。

②用VP－206型高压空气压缩机从大气中收集新鲜空气充入容积为40L的气瓶内作气源，再用AEI02型充填泵向空气瓶充气至30MPa。

③用AE2型高压空气压缩机直接从大气中收集新鲜空气充入气瓶中。

(4)充气时，缓慢地打开气源开关，以一定的速度充气，避免因高速充气而造成气瓶过热。气瓶达到工作压力后应停止充气，并使气瓶自然冷却，再重新检查气瓶压力，压力不足，可再充到工作压力。

(5)按要求对空气呼吸器进行检查。

四、呼吸器维护保养

(一)常规检查和维护

1. 空气瓶与气瓶开关

(1)气瓶应按照《压力容器安全监察规程》的规定进行使用管理，定期检验。

(2)空气瓶应装上瓶塞用塑料袋密封后储存，并分类存放整齐，堆放储存时高度不得超过1.2m。

(3)空气瓶在搬运和使用过程中应避免碰撞、划伤和敲击，应避免高温烘烤和高寒冷冻及阳光下暴晒，油漆脱落应及时修补，防止瓶壁生锈。

(4)气瓶要按瓶上标明的日期使用，定期进行检验，一般三年必须检验一次。若在使用过程中发现有严重腐蚀或损伤时，应立即停止使用，提前检验，合格后方可使用。超高强度钢空气瓶的使用年限为 12 年。

(5)定期检验项目。

①内外表面检查，不得有影响继续使用的划伤。

②水压试验，试验压力应为公称工作压力的 1.5 倍。

③测定最小壁厚，不得小于标记中的最小厚度值。

(6)气瓶内的空气不能全部用尽，应留压力不小于 0.05MPa 的剩余空气。

(7)空气瓶开关的密封材质是橡胶或塑料，所以在需要拆卸空气瓶开关维修时，不能用火烘烤空气瓶开关。

(8)空气瓶开关和减压器连接部分端面，不能随意用锉刀挫削，也不能有碰撞伤痕。研磨修理时应保证修后端面仍然和连接螺纹轴线垂直，并检查至气密合格。

2. 集成组合式减压器

(1)使用中发现中压安全阀开启，证明是减压器膛室内压力超过规定值，是减压器泄漏，应修理或更换减压器阀门，切忌任意调整中压安全阀的调节螺母。

(2)减压器一般不会出现太大的故障，通常是 O 形密封圈磨损老化或接合部有污物破坏了气密性。这时应更换密封垫圈、用高压空气吹洗或用乙醚擦洗减压器外壳和 O 形密封圈。

(3)余气警报器不得随意调试。如发现从报警哨的通气孔处漏气，应卸下检查阀门垫上是否有污物或金属屑，开启顶尖阀台上有无缺口。如有应清洗或磨平，重新组装应按原样复原或重新校验开启压力直至合格为止。

3. 全面罩及正压型呼气阀

(1)全面罩应放置在保管箱内，不能受压；不使用时，应收藏在洁净、干燥的仓库内，不能让橡胶件受阳光暴晒和有毒有害气体及灰尘的侵蚀。

(2)透明曲面目镜不得与硬物摩擦，并应防止受热变形。

(3)正压型呼气阀的压力弹簧不得随意调节，否则将影响其气密性和呼气阻力，影响匹配。

(4)呼气阀必须保持清洁，严防灰尘侵入。呼气阀片和阀座之间有污物，哪怕非常微小，也将严重影响匹配。清洗时，从面罩右侧的阀座将阀体与阀盖上取下。

(5)呼气阀内的橡胶膜片至少需每年更换一次。换上新膜片后，要重新检查其气密性和通气阻力。

4. 正压型空气供给阀

(1)一般情况下严禁拆卸正压型空气供给阀。对其检查和维修时，从装具中卸下空气供给阀，放松压环，取下上盖，打开壳体，小心拆下膜片组等零件进行清理和检查。

(2)检查应注意压环是否松动，膜片是否老化有裂纹，阀杆组是否完整好用。

(3)组合时，必须按原样复位，接上供气软管，开启气瓶阀，按压转换开关2~3次，检查空气流量是否合适。

(4)全面罩和空气供给阀之间有一胶垫，安装时要注意使其不丢失，否则将影响面罩气密性。

5. 传声器

使用中如出现通话不够清晰等故障，可将传声器卸下拆开，更换新膜片，重新装更。装配时应使膜片平整，松紧合适，拧上盖，按原来位置装回全面罩内，紧固后，应保证气密好用。

(二)保管注意事项

(1)空气呼吸器及其备件应避免日光直接照射，以免橡胶件老化。

(2)呼吸器与人体呼吸器官发生直接关系，因此要求时刻保持清洁，并放置在洁净的场所，以免影响佩戴者的身体健康。

(3)空气呼吸器严禁沾染油脂。

(4)保管场所的温度应保持在5~30℃，相对湿度40%~80%，并且空气中不应含有腐蚀性的酸碱性气体或盐雾。存放位置应距取暖设备不小于1.5m。

(5)长期不使用，其橡胶件应涂上一层滑石粉，使用前再用清水洗净，可延长其使用寿命。

(6)为了防止疾病的传染，呼吸器应专人使用，专人检查和保管。

五、呼吸器故障分析及其排除方法

空气呼吸器的故障大多是因其零件和组部件的磨损、橡胶塑料及密封垫圈的老化带来的，其直接表现多为气密性，气密性故障出现的几率最多。

(1)发现呼吸器整机气密性不合格时，应先从高压部位查起，因这部分气压较高，稍有泄漏，对整机气密性影响较大。其检查方法如下：

①将呼吸器各部分组装好，接通气源，在要检查的部位涂满低碱肥皂沫，如有气泡逸出说明该部位漏气，气密性不好；没有气泡逸出，说明该部位气密性良好。

②将要检查部位浸没水中。如果1min以后仍有气泡逸出，说明该部位漏气，气密性不好；无气泡逸出，说明该部位气密性良好。上述方法仅适用中高压部位。

(2)除空气供给阀进气口外和全面罩属于低压部分，其气密检查方法可采用全面罩和空气供给阀组合在一起，通过匹配来检查气密性状况；也可通过负压检查气密性。不匹配时，说明气密性不好，应检查全面罩、空气供给阀、呼气阀等各自气密性及连接部位气密性。

(3)常见故障及其排除方法。RHZK正压型空气呼吸器常见故障、原因和排除方法见表6-2。

表6-2　RHZK正压型空气呼吸器常见故障、原因和排除方法

一般故障	故障原因	排除方法
(1)高、中压连接渗漏	连接不严密	用手重新紧固
	密封环损坏	更换密封环
(2)达到规定压力无报警声	装置发生变化	重新调整并检验合格
	气笛弄脏	清洗后重新调整

续表

一般故障	故障原因	排除方法
(3)安全阀排气	减压器内的故障	修理减压器阀门
(4)全面罩的呼气阀与空气供给阀不匹配	面罩气密性不好 呼气阀漏气 空气供给阀损坏	检修面罩坚固连接部位 检查呼气阀片，校验呼气通气阻力 检修空气供给阀，校验零供气压力

第三节　正压型空气呼吸器的气瓶充气

JⅡ3EH 空气压缩机是专门为高压空气呼吸器设计生产的，压缩机为 3 气缸 3 级式空冷往复式活塞压缩机。

一、基本构造和技术参数

(一)基本构造

空气压缩机主要由压缩机装置、驱动电动机、过滤器组件、充气组件、底板和机座组成，见图 6-5。

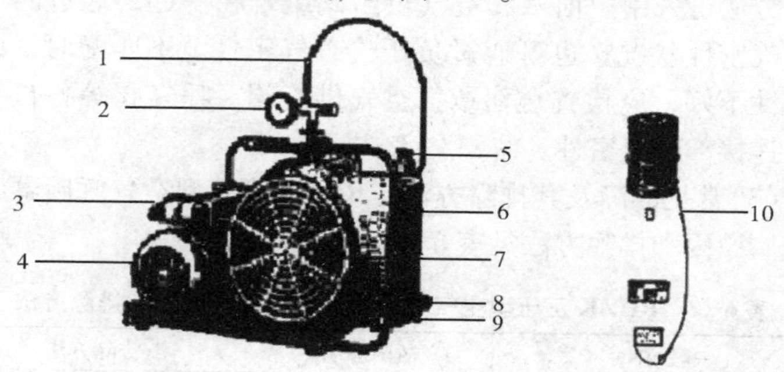

图 6-5　JⅡ3EH 空气压缩机组成

1—充气管；2—带压力计的充气阀；3—电动机端子(单相电机带开关)；4—电动机；5—安全卸压阀；6—手柄；7—叶轮罩；8—压力保持阀；9—冷凝阀(3 个)；10—带开关及断电器保护的插座(三相电机)

（二）技术参数

JⅡ3EH 空气压缩机技术参数见表6-3。

表 6-3　JⅡ3EH 空气压缩机技术参数

参数名称	JⅡ3EH	参数名称	JⅡ3EH	参数名称	JⅡ3EH
介质	空气	冲程数	3	润滑油量	360mL
输入压力	大气压	气缸数	3	量油尺 max 和 min 标记间油量	5mL
额定压力	300bar	1 级气缸直径	60mm	使用温度	5～45℃
充气效率	100L/min	2 级气缸直径	28mm	最大倾斜角	5°
安全压力	330bar	3 级气缸直径	12mm	额定电压	400V，50Hz
声压	86dB(A)	活塞冲程	24mm	额定功率	2. 2kW
噪声	99dB(A)	1 级中间压力	6. 5bar	转速	2850r/min
质量	44kg	2 级中间压力	65bar	防护等级	IP54

注：1bar = 10^5 Pa。

二、操作使用方法

（一）使用前的准备和注意事项

(1)压缩机使用环境温度为 5～45℃。使用时不允许有任何覆盖物，保持良好散热。

(2)连接电源，连接接地保护。

(3)使用前必须检查润滑油，油面高度应在最大(max)与最少(min)之间。

(4)充气前打开冷凝阀，让压缩机运转 5min，使用各部充分润滑。

(5)使用中发现异常，立即停止运行，查清原因并排除，或送维修部门检修。

(6)通电后应检查电动机的转运方向是否与箭头方向一致，如果电动机反转，应立即断电，重新接线。

(7)为确保安全，每充装一瓶后，间隔 10min。

（二）充气程序

为防止充气管在高压空气作用下剧烈摆动，在充气管连接到气瓶之前，不能打开充气阀。

充气中的连接、开阀、关阀见图 6-6。

图 6-6　充气中连接、开阀、关阀

1—充气阀；2—气瓶阀

（1）将充气阀和呼吸器的气瓶连接（额定压力 300bar 压缩机只能给 300bar 的气瓶充气）。

（2）充气时，应先打开充气阀 1，后打开气瓶阀 2。

（3）充气过程中，应每隔 15min 排除一次冷凝水。

（4）充气达到额定压力后，应先关闭气瓶阀 1，后关闭充气阀 2，再从气瓶上卸下充气阀。

（5）充气结束后，切断电源。三相电动机压缩机按 Stop（关闭）键；单相电动机将开关由 I 拨向 O。打开冷凝阀门及安全阀，排出过滤系统中的水气。

（三）检查润滑油量

检查润滑油量是否不足，不足时应添加润滑油。

三、维护保养

为方便空气压缩机维护保养及更换滤芯的需要，在使用过程中应建立使用时间、维护时间和内容的记录。

（一）润滑油更换

（1）润滑油更换周期为：矿物油（代号 M）每年或者运行 1000h

更换一次，合成油(代号S)每两年或者运行2000h更换一次。

(2)为延长空气压缩机的使用寿命，润滑油应使用经过测试的种类。矿物油(M)建议使用BAUER品牌的N22138－1、N22138－5、N22138－20。另外，BP品牌的Energol RC150、DEA品牌的ActroEP VDL150、Shell品牌的Corena P150也可使用。合成油(S)建议使用BAUER品牌的N19725－1、N19725－5、N19725－20。另外，LIUIMOLY品牌的LM750、Anderol品牌的755也可使用。

(3)润滑油更换时，应取出油尺，预热空气压缩机，在热状态下使润滑油流出；加入新油时，润滑油高度必须在最大(max)与最小(min)之间。

(二)过滤系统

(1)滤芯种类分为电动机带动的空气压缩机滤芯和汽油机带动的空气压缩机滤芯。电动机带动的空气压缩机的滤芯订货号为057679，使用前质量为191g，使用后质量为205g；汽油机带动的空气压缩机滤芯订货为059183，使用前质量为217g，使用后质量为229g。

(2)滤芯使用寿命见表6－4和表6－5。

表6－4　适用于电动机带动的空气压缩机滤芯(057679)

环境温度/℃	滤芯温度/℃	使用时间/h	
		充气压力200bar	充气压力300bar
10	20～24	26～21	39～31
15	25～29	20～16	29～24
20	30～34	15～12	22～18
25	35～39	11～9	17～14
30	40～44	9～7	13～11
35	45～49	7～6	10～9
40	50～54	5～4	8～7

表 6-5　适用于汽油机带动的空气压缩机滤芯(059183)

环境温度/℃	滤芯温度/℃	使用时间/h	
		充气压力 200bar	充气压力 300bar
10	20~24	22~18	34~27
15	25~29	17~13	25~20
20	30~34	13~10	19~15
25	35~39	10~8	15~12
30	40~44	8~6	11~9
35	45~49	6~5	9~7
40	50~54	5~4	7~6

(三)注意事项

(1)空气压缩机维护保养时，应切断电源、卸压，使用原厂配件，经常检查系统气密性(在所有接头处涂肥皂水检查)。

(2)空气压缩机使用时，应远离易燃物，不能在火源附近使用，汽油机压缩机不允许在室内使用。

(3)空气压缩机不适用于压缩氧气，如果用于压缩纯净氧或含氧量大于21%的混合气体，可能发生爆炸。

(4)操作使用人员必须掌握压缩机的使用方法，否则不允许操作。

第四节　空气呼吸器的校验

正压型空气呼吸器维修检测仪的种类较多，主要有进口检测仪、合资企业生产检测仪、国内企业生产检测仪，还有使用单位用零部件组合检测仪。这些检测仪的检测性能和功能基本相同，但价格相差悬殊。现以 JK1 正压型空气呼吸器检测仪为例说明检测仪的结构、原理和检测方法。

一、结构和原理

JK1 正压型空气呼吸器检测仪由三部分组成：检测集成组合减压阀膛室中压系统，由中压表、中压三通、中压导管、中压接头等组成；检测空气供给阀微压系统，由水盒、水柱玻璃管标尺、水位调节轮、水柱接头等组成；检测呼气阀参数，由面具、微压检测系统组成。

JK1 正压型空气呼吸器检测仪面板见图 6-7，中压检测系统连接见图 6-8，微压检测系统结构见图 6-9。

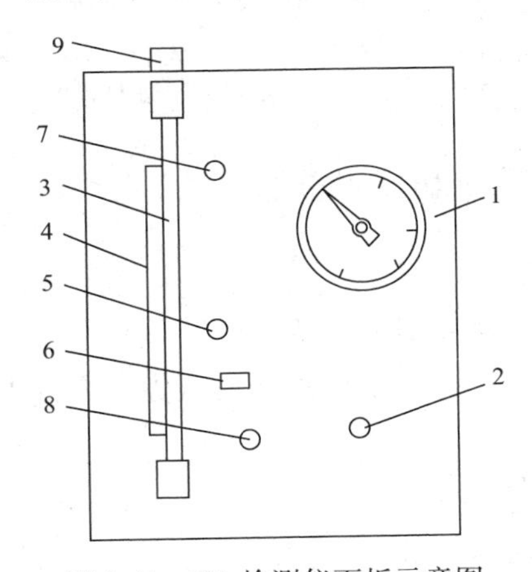

图 6-7　JK1 检测仪面板示意图

1—中压表；2—压力表接头；3—水柱玻璃管；4—标尺；
5—水盒（水位标线）；6—调节轮；7—水柱计接头；8—放水口；9—注水口

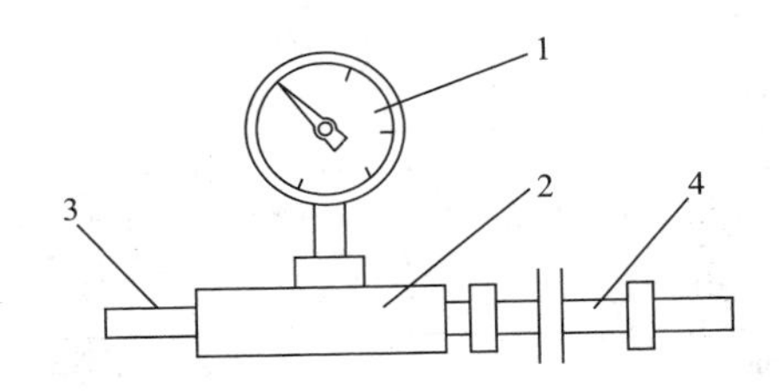

图 6-8　中压检测系统连接示意图

1—中压表；2—三通；3—安全阀接头；4—中压导管接头

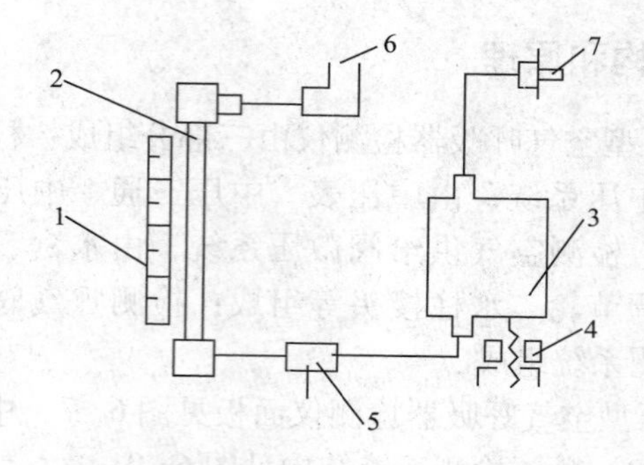

图 6-9　微压检测系统结构示意图

1—标尺；2—水柱玻璃管；3—水盒；4—水位调节轮；
5—放水口；6—注水口；7—水柱接头

二、检测项目和技术参数

（一）检测项目

（1）检测减压阀的腔室压力。

（2）检测空气供给阀的状态转换压力、零输出压力、最大输出压力。

（3）检测呼气阀排气压力。

（二）主要技术参数

主要技术参数见表 6-6。

表 6-6　JK1 正压型空气呼吸器检测仪主要技术参数

检测项目	检测范围	精度等级
中压检测/MPa	0～1.6	1.5 级
微压检测/Pa	-1000～+1000	3.0 级
安全阀开启压力/MPa	1±0.1	
外形尺寸/mm	250×170×330	
质量/kg	4（不包括附件、备件）	

三、使用操作方法

（一）准备工作

（1）转动水位调节轮，调节水盒上的水位线。

（2）用注水器将纯净水从注水口中间加入水柱玻璃管中。

（3）如管中有气泡，从水柱接吹或吸几次，排除玻璃管中的气泡。

（4）水柱压力计“0”位调整，水位与标尺上的“0”相差较大时，应从放水口排除一些，使其接近“0”位；相差不大时，可用水位调节轮进行调整，向右旋转，水位下降，向左旋转水位上升。

（二）减压阀膛室压力检测

（1）将中压安全阀从集成组合减压阀上卸下，用中压导管将集成组合减压阀与检测仪连接，中压导管一头连接在卸下中压安全阀的接口上，一头连接在检测仪的压力表接头上，见图6-10。

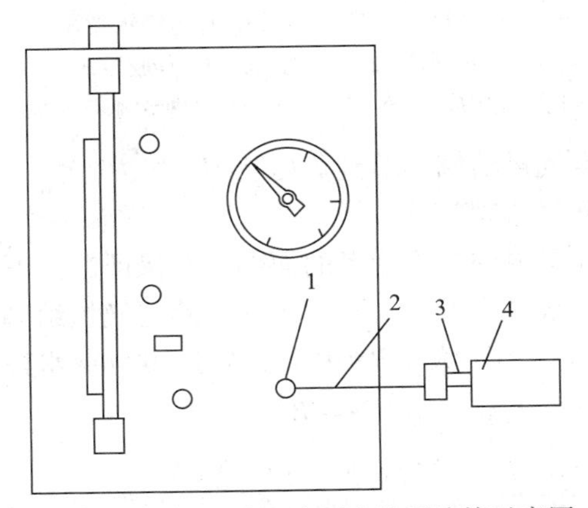

图6-10　减压阀膛室内压力检测连接示意图

1—压力表接头；2—中压导管；

3—减压阀的安全阀接头；4—集成组合式减压阀

（2）打开气瓶开关，同时观察压力表，当压力表指针在1.2MPa继续上升时，说明膛室压力太高，应调整压力调节弹簧，使其压力符合规定值。

（3）压力表指针不动时，指针指示值即是减压阀膛室压力，其值应为0.45～0.85MP。

（三）空气供给阀的状态转换压力检测

（1）空气供给阀从空气呼吸器上卸下，用专检测接头将面具与检测仪连接，见图6-11。

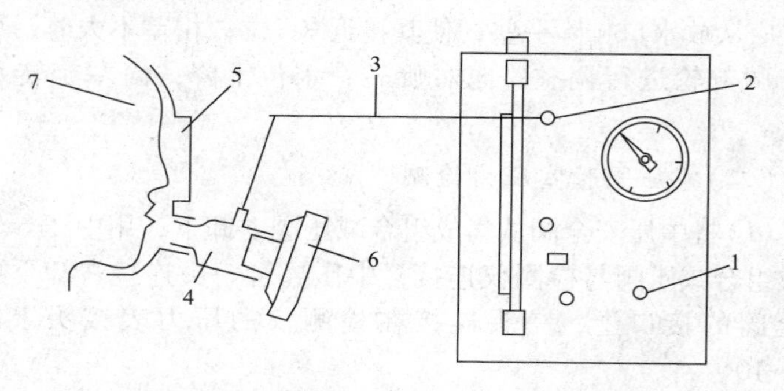

图6-11　空气供给阀检测连接示意图

1—检测仪；2—水柱接头；3—硅胶导管；
4—检测专用接头；5—面罩；6—空气供给阀；7—检测者

（2）将空气供给阀调节到负压状态。

（3）打开气瓶阀门。

（4）将面具佩戴在检测者的面部，并保证严密不漏气。

（5）观察水柱压力计，同时吸气，使空气供给阀转换成正压状态，其转换压力不大于980Pa（不大于100mm水柱）。

（四）空气供给阀"0"输出检测

（1）在图6-11连接情况下进行检测。

（2）空气供给阀处于正压状态下，接前项检测进行。

（3）检测者屏气呼吸，观察水柱压力计的指示值，其值应在0～98Pa（0～10mm水柱）之间。

（五）空气供给阀的最大输出压力检测

(1)在图6-11连接情况下进行检测。

(2)空气供给阀处于正压状态下，接前项检测进行。

(3)观察水柱压力计指示值的同时，猛力吸气，水柱压力值应在0～588Ma(0～60mm水柱)之间。

（六）排气压力检测

(1)在图6-11连接情况下进行检测。

(2)空气供给阀处于正压状态下，接前项检测进行。

(3)观察水柱压力计的同时，检测者按正常状态呼气，此时水柱压力计的指示值应在588～784Pa(60～80mm水柱)之间。

（七）特别提示

不同型号的产品的技术参数略有不同，检测不同生产厂家的正压型空气呼吸器时，应按照产品说明书进行检测，这里提供的数据仅供参考。

第七章　油库常用安全检测仪表

油库常用安全检测仪表是用来检测油库危险场所设备设施技术状况的，其目的是消除不安全隐患，预防事故发生，或者事故发生后勘测、分析事故原因。此类仪表主要有可燃气体检测仪、静电检测仪、万用表、兆欧表、接地电阻测量仪、钢板测厚仪和涂层测厚仪等。这类仪表具体品种很多，此处仅简要介绍其中具有代表性的几种仪表。

第一节　可燃性气体检测仪

一、XP－311A 型可燃性气体检测仪

(一)概述

油库爆炸性危险场所进行检修或改建需要动火时，必须使用可燃气体检测仪，进行多部位的反复检测，确认没有火灾爆炸危险，才能允许进行动火作业。XP－311A 型可燃气体检测仪，是油库在爆炸性危险场所普遍使用和非常重要的一种安全检测仪表。该检测仪非常精密，其检测结果的准确性非常重要。如果仪表发生故障，指示错误，或因使用不当，得出错误结论，其后果将十分严重。因此，了解该仪表的工作原理，掌握其操作方法，正确使用和维护仪表，十分重要。

(二)适用对象

XP－311A 型可燃气体检测仪为本质安全防爆结构(标志 id2G3)，适用于检测液化石油气、油气等可燃性气体以及可燃性溶剂的蒸发气体浓度(对甲烷气检测另有规格)。

(三)使用技术条件

XP－311A 型可燃气体检测仪的使用技术条件见表7-1。

表7-1　XP－311A 型可燃气体检测仪技术要求

项目名称	使用技术条件
检测范围	0～10% LEL(“L”档)及0～100% LEL(“H”档)两种量程转换方式
警报设定浓度	20% LEL
警报方式	气体警报(灯光点灭、蜂鸣器间隙鸣响)电池更换预告(蜂鸣器连续鸣响)
指示精度	满量程的±5%
使用环境温度	－20～＋50℃
电源	5#干电池4只
电池使用时间	使用碱性电池约10h(以无仪表照明和无警报为条件)

(四)工作原理

根据仪表使用说明书的技术规格表中，表述检测原理时仅有的“接触燃烧式”一句推断，仪表是利用热效应来实现检测的。

工作原理大体上如图7-1所示。

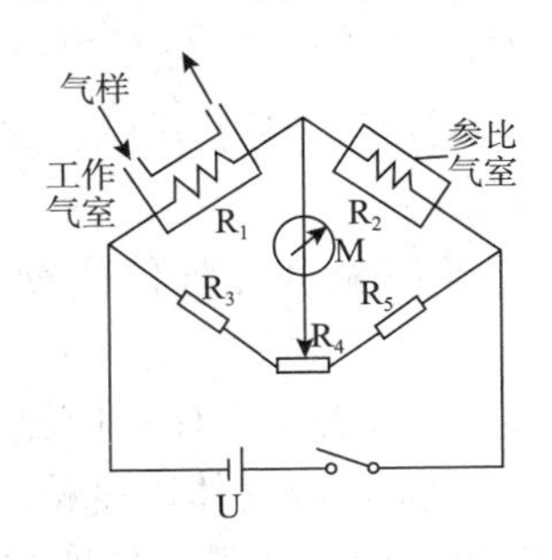

图7-1　可燃气体检测仪检测原理图

仪表的检测部分为一电桥，其中一臂上装有检测元件(金属铂丝)R_1，另一臂上装有参比元件R_2。接通电源后，检测元件(铂丝)加热升至工作温度。当可燃气体进入工作气室后，便在检测元件上发生氧化反应(进行无焰燃烧)，释放出燃烧热，使检测元件进一步升温，阻值增大，从而破坏了电桥的平衡，检流计 M 便指示出以爆炸下限浓度为刻度的气样相对浓度。

(五)面板构成及功能

XP－311A 型可燃气体检测仪面板构成如图 7－2 所示。

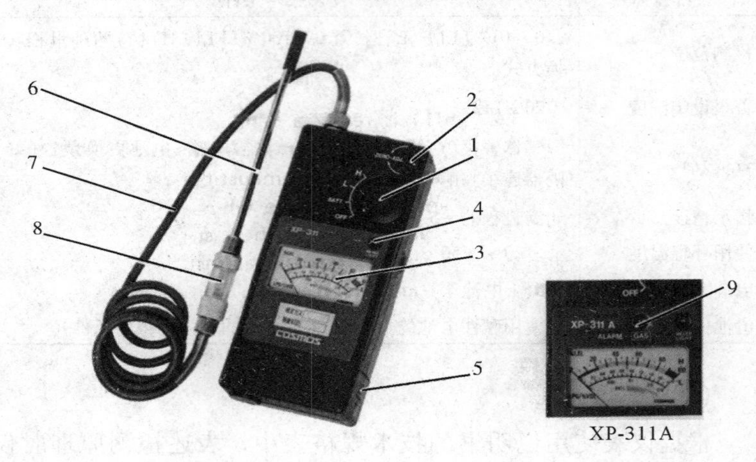

图 7－2　XP－311A 型可燃气体检测仪面板构成图

1—电源及测定转换开关；2—调零旋钮；3—标度盘；4—标度盘照明按钮；5—电池室；6—吸引管；7—气体导入胶管；8—过滤除潮器；9—报警灯

(1)电源及测定转换开关。用于开机、关机、电池电压检验和“L”档或“H”档转换。

(2)调零旋钮。用于检测可燃气体之前，将仪表指针调至“0”。

(3)标度盘。标度盘(表盘)设有四层刻度，从上至下分别用于“LEL”、“LPG”、“汽油”等气体浓度检测和电池电压检验。

(4)标度盘照明按钮。用于在黑暗的地方检测。

(5)电池室。用于安装仪表的电源电池。

(6)吸引管。金属管，用于吸入可燃气体。

(7)气体导入胶管。优良的耐腐蚀性氟化橡胶双层管，吸附气体少，连接吸引管及仪表，便于将可燃气体吸入仪器内。

(8)过滤/除潮器。阻挡灰尘和水分，保护传感器和微型气泵。

(9)报警灯。在可燃性气体浓度超过20% LEL时，灯光及蜂鸣器发出警报。

(六)使用方法

1. 准备

可燃性气体浓度检测准备工作，必须在无可燃性气体泄漏的安全场所中进行。

(1)安装电池。在电池室内按“+”、“-”极性标识，正确装入4只5号电池(以碱性电池为宜)。

(2)检验电池电压。将转换开关由“OFF”档转至“BATT”档位置，检验电池电压，判断能否使用。检验结果，从标度盘上最下层刻度的指示可见，如图7-3所示。

(3)调“0”。将转换开关由“BATT”档转至“L”档位置(调“0”必须在“L”档位进行)，待指针稳定后，确认“0”。若指针偏离“0”时，将“调零旋钮(ZERO)”缓转，进行调节，调至“0”为止。

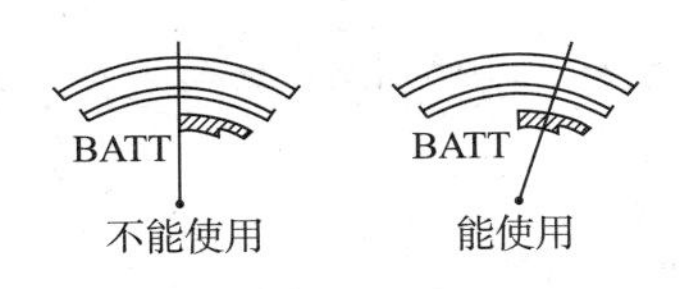

图7-3　电池电压检验结果判断图

2. 检测

(1)采气。先将转换开关转至“H”档位置，将吸引管靠近所要检测的地点采气检测。若标度盘指针指示在10% LEL以下时，则将转换开关转至“L”档位置，以便读到更精确的数值。

(2)读取数值。当标度盘指针稳定下来后，所指示的刻度值便是可燃性气体的浓度。当达到危险浓度(20% LEL)时，则有声、光报警。

3. 示值判读

(1)标度盘刻度形式。用于可燃性气体浓度检测的标度盘刻度，从上至下依次为“LEL”、“LPG”、“汽油”三层计数形式标示，每层均设有“L”、“H”两栏(如图 7-4 所示)。

图 7-4　标度盘刻度形式图

(2)“LPG”及“汽油”气体浓度标示。“LPG”及“汽油”的指示，以气体体积浓度直接读出。但因汽油的组成成分不定，故为参考标度。

(3)电池电量不足处置。检测中，若声音连续鸣响报警、警灯熄灭，则为电池电量不足，必须按前述准备工作中要求的在无可燃性气体泄漏的安全场所中，同时换上 4 只新电池。

4. 关机

检测完毕，必须使检测仪吸入干净空气，待指针回到“0”位置后，方可关机。

(七)注意事项

(1)必须避免强烈的机械性冲击。

(2)不可在高温多湿的地方存放。

(3)保养时须用柔软布料，不能用有机溶剂及湿布擦拭。

(4)切勿随便拆卸，以免人为损坏。

(5)长时间不使用，应将电池取出。

(6)装入新电池后，将转换开关转至“BATT”，出现指针无摆动或摆动不到标记范围时，应检查电池接触或极性情况，并重新装入。

(7)长期使用后，或出现检测仪反应速度慢、灵敏度低下现象，应检查过滤/除潮器中的过滤纸脏、堵情况，并视情更换过滤纸(如图7-5所示)。

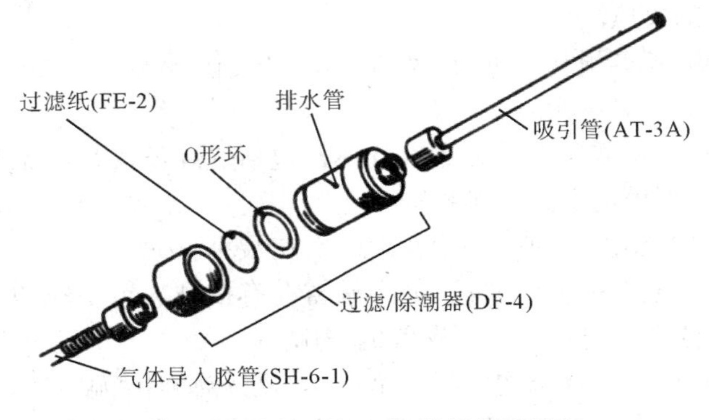

图7-5　检查更换过滤/除潮器滤纸图

二、可燃气体检测器

可燃气体检测器的设置原则应遵循GB 50074《石油库设计规范》、SY 6503《石油天然气工程可燃气体检测报警系统安全技术规范》以及其他相关标准。在油库生产中，可燃气体检测探头一般采用催化燃烧式，在缺氧场所宜采用红外式。

(一)催化燃烧式可燃气体检测器

1. 基本测量原理

催化燃烧式可燃气体检测器是利用催化燃烧的热效应原理，由检测元件和补偿元件配对构成测量电桥，在一定温度条件下，可燃气体在检测元件载体表面及催化剂的作用下发生无焰燃烧，载体温度就升高，通过它内部的铂丝电阻也相应升高，从而使平衡电桥失去平衡，输出一个与可燃气体浓度成正比的电信号。通过测量铂丝的电阻变化的大小，就知道可燃性气体的浓度。主要用于可燃性气体的检测，具有输出信号线性好，指数可靠，价格便宜，不会与其他非可燃性气体发生交叉感染。

2. 基本特性

(1)催化燃烧探头式传感器采用最普遍应用的可燃性气体探

测技术，无论是对于有机气体还是无机气体，它应用范围广，被誉为“不挑剔的传感器”，对于烷烃类及非烷烃类可燃气体均有较好的反应。

(2)结实耐用，对于极端恶劣的气候及毒气有很强的耐受力。

(3)可检测所有的可燃性气体，包括烷烃类及非烷烃类。

(4)低廉的更换及维护成本。

(5)受温度、风、粉尘及潮湿影响最小。

(6)很容易彻底中毒，如果暴露在有机硅、铅、硫和氯化物这些组分中，将失去对可燃气的作用。

(7)可产生烧结物，阻止了可燃气与传感器接触。

(8)没有自动安全防护装置，当传感器中毒后继续通电并显示零点气。

(9)在某些环境下灵敏度会下降(特别是硫化氢和卤素)。

(10)需要最少12%的氧气体积浓度，在氧气浓度不足情况下工作效率明显下降。

(11)如果暴露在可燃气体浓度过高的环境下，会被烧坏。

(12)灵敏度随时间下降。

(13)由于中毒或污染的影响，需要定期对气体测试和标定偏离的信号。

(二)红外式可燃气体检测器

1. 基本测量原理

红外探测器中红外发射组件发出的红外光通过检测室被接收组件的聚焦系统聚焦到光敏传感器件，红外光源发出的红外光强度是恒定的，因此正常状态下光敏传感器件的输出是恒定的，信号经放大电路放大后输出电压也是恒定的。当可燃气体扩散进入检测室时，照射到光敏传感器件的特定波段的红外光的光通量由于被可燃气体吸收而衰减，从而导致光敏传感器件输出的电压降低。光敏传感器件输出的电压降低的幅值与检测室可燃气体的体积百分比浓度是成比例关系的，因此通过测量光敏传感器件输出的电压变化值就可以计算出检测室可燃气体的体积百分比浓度。当气体检测单元和信号处理电路单元出现故障时，信号放大电路的输出电压异常，在无可燃气体存在的情况下，通过判断信号放大电路输出电压是否异常，即可判断探测器本身是否存在故障，实现对探测器的自检。

2. 基本特性

(1)非常快的反应速率：T90 响应一般小于 7s。

(2)自动故障操作：自动将电源错误、信号错误、软件错误等故障反馈给控制系统。

(3)对污染性气体的信号抗干扰能力强。

(4)没有消耗性部件，寿命一般大于 10 年。

(5)维护成本低。

(6)无需氧气。

(7)高浓度气体不会烧坏设备。

(8)保证不会有烧结及相应问题发生。

(9)红外技术缺点。

①不能检测氢气；

②红外传感器不能提供不同气体的线性响应：检测器对特殊气体线性化，对其他气体有响应但是非线性。

(10)红外报警器同时也降低了维护成本，催化燃烧需要定期测试(通过标气)。有些海洋石油平台通常每 6 周需要测试 1 次。许多平台需要 400 个以上的传感器，这样常规测试机制，以及每 3 ~5年需要更换一次需要耗费大量的成本。不会烧结的红外报警器可自我检测(比如灯、传感器、窗口、镜子、软件)不可恢复的问题，这样出错的可能性大大降低。较少的零点及灵敏度漂移，意味着红外报警器的校准和常规维护可以 6 ~ 12 个月。常规维护是清洁光学组件和测试标准气。红外报警器的寿命一般大于 10 年，通常受限于光学组件在含尘环境中的损耗。

红外传感器的价格近年已经显著下降，虽然价格还是明显高于催化燃烧，但实践经验表明，红外传感器的成本能通过减少维护成本来降低。

三、可燃气体检测仪的检查维护

(一)日常检查及维护保养

(1)对于有实验按钮的报警器，应每天按动一次实验按钮，检查指示报警系统是否正常、报警器指示灯是否清晰可见。

(2)每三个月检查零点和量程。检测器透气罩在仪表检测时，应取下清洗，防止堵塞；清洗过滤罩(网)时要慎用有机溶剂，以防止损坏检测器。

(3)应经常对检测器进行防雨检查，汛期每天至少检查一次，检测器进线孔要密封严实，有效防止进水；检测器控头表面是否有污渍、杂物覆盖。

(4)在日常检查中，不得用打火机气或酒精去检查测试检测器的工作状况，更不要用大量的(高浓度)可燃气直冲探头或进行检验等。

(5)相关线路有无松动、短路或断路，线缆与密封圈的密封是否牢固可靠。

(二)常见故障及原因分析

1. 通气响应

定期校验时，通入标准气体后二次仪表或 DCS 无响应。造成这种故障的主要原因：量程设置不当、通入的标准气体不合适、传感器断线或老化损坏、电路板损坏、二次仪表调节过度或损坏、DCS 设置不当、过滤器堵塞等。

对上述故障可在查明原因的情况下，予以调整或更换。

2. 显示故障和报警

大部分二次仪表本身带有故障诊断功能，当检测器发生故障时，二次仪表都可以产生设备报警信号(二次仪表上的故障指示灯亮)。造成这种故障的主要原因：传感器断线或损坏，零点过低，检测器供电电源不正常(断电)、接线松动、标定错误或电路板故障，检测器连线接错或断线等。

目前，大多数 DCS 系统没有设专门的设备故障报警功能，对检测器故障或正常检测报警都显示相同的报警信号，这就需要针对具体情况，逐项排查以找出报警的真正原因，并加以排除。

3. 指示波动大或误报警

二次仪表或 DCS 系统显示数值不稳定，也是误报警的主要原因。由于探头老化，校验时需要大幅度地调节量程电位计，这相当于扩大了仪表的放大倍数，若此时系统检测电阻不平衡，经放大后就会造成二次仪表指示波动。另外，当检测器的连线松动或虚接时，如果现场存在震动，二次显示表或 DCS 也会波动。此外，周围环境的影响(如强电磁场)或电路故障也可产生大幅度波动。

4. 不能调零

在日常维护校验时，对检测器不能调零，应排除周围环境有无可燃气体，否则，多为调节电位器或电路板损坏，传感器老化或已损坏等原因造成的。此外检测器本身的 CPU 故障也可以造成不能调零的现象。

5. 响应缓慢或长时间指示不到位

校验时仪表响应缓慢，一般是传感器老化造成的。同时，一些可燃气体报警仪探头安装环境较为恶劣，在长期使用过程中，在可燃气体检测器检测元件上的催化物质会逐渐失效，产生的催化燃烧反应也日趋缓慢。另外，量程调节不当或气样不合适(如检测器标定的气样是异丁烷而用甲烷校验)都会造成影响缓慢或指示不到位现象。

第二节　EST 101 型防爆静电电压表

油库中，静电最为严重的危险是引起爆炸和火灾。因此，测量静电电压，对于预防静电放电起火和分析静电火灾原因有很重要的价值。

EST 101 型防爆静电电压表，是一种经过多次改进的新型高性能的静电电压测量仪表，在油库已有使用。

一、适用对象及使用技术条件

(一)适用对象

EST 101 型防爆静电电压表为本质安全防爆结构(标志 iaⅡCT6)，防爆性能好，适用于各类爆炸性气体中带电物体的静电电压(电位)测量。可测量导体、绝缘体及人体的静电电位，还可测量液面电位及检测防静电产品的性能。

(二)使用技术条件

EST 101 型防爆静电电压表的使用技术条件见表 7-2。

表 7-2　EST 101 型防爆静电电压表

项目名称	使用技术条件
测量方式	非接触式
测量范围	±100V ~ ±50kV(测量范围可扩展)
测量误差	< ±10%
使用环境	温度 0 ~40℃；相对湿度 <80%
电源	6F22 型 9V 叠层电池 1 只

二、工作原理

仪表传感器采用电容感应探头，利用电容分压原理，经过高输入阻抗放大器和 A/D 转换器等，由液晶显示出被测物体的静电电压，如图 7-6 所示。为保证读数的准确性，仪表设有电池欠压显示电路以及读数保持等电路。

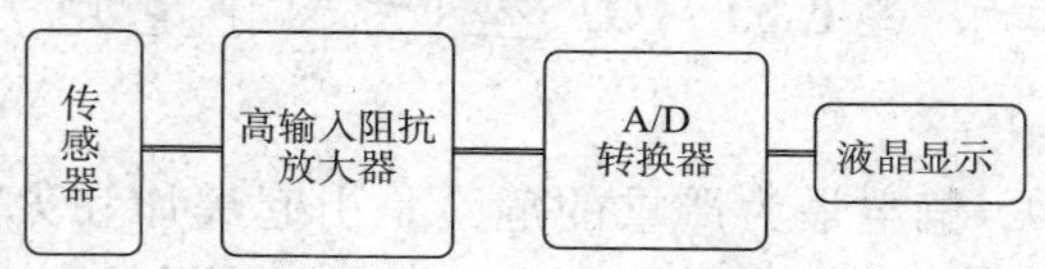

图 7-6　EST 101 型防爆静电电压表原理框图

三、面板构成及功能

EST101 型防爆静电电压表面板如图 7-7 所示。

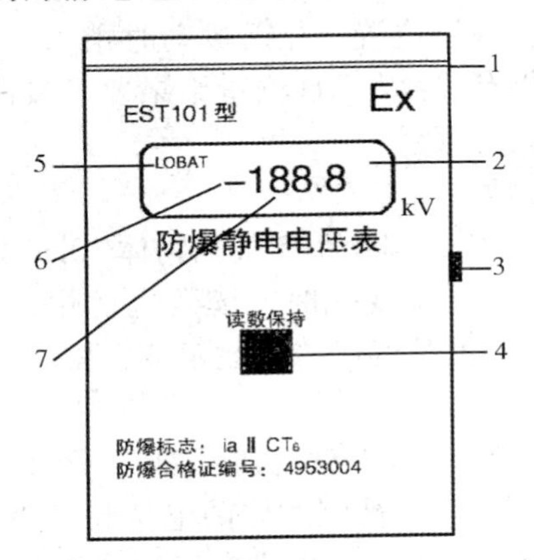

图 7-7 EST101 型防爆静电电压表面板图

1—探头；2—液晶显示屏；3—电源与清零开关；4—读数保持按键；5—电池欠压显示符号；6—负极性符号；7—显示结果

(1)探头。测量时，从此计算测量距离。

(2)液晶显示屏。显示测量结果、电池欠压及负极性符号。

(3)电源与清零开关。开关电源，将此开关稍向前推时清零。

(4)读数保持按键。按下此键可保持读数不变。

四、使用方法

(一)测试准备

(1)穿着防静电服。操作人员宜穿防静电工作服和防静电鞋，以避免人体静电对测量的影响。

(2)安装电池。在安全场所，装入 6F22 型 9V 叠层电池。

(二)测量操作

1. 开机与清零

(1)开机。在远离被测物体(最好 1m 以外)或电位为零处

（如接金属或地面附近），将电源开关拨到“ON”位置，此时显示值应为“0”或接近“0”（“00？”，末尾数字“？”最好不超过5）。

（2）清零。若仪表显示不为“0”，应将开关拨回“OFF”位置（清零与关机是在同一位置，往前拨动时稍用力推）后，再拨回“ON”位置。若仍有尾数“？”且测量结果要求较准确时，可从测量读数中减去初始读数。

2. 测量与读数

将仪表由远至近，移到距离被测物体10cm处读数，单位为kV。当被测物体的电位变化时，读数也变化，为了读数方便，按下“读数保持”开关，可保持读数不变，松手后仪表将自动恢复显示。

3. 扩展量程范围

（1）高电位测量。当被测物体的电位高于40kV时，应把测量距离扩展为20cm，测量结果为表读数乘以2，此时测量范围为±0.2～±100kV，测量误差小于20%。

（2）低电位测量。当被测物体的电位较低时，可把测量距离定为1cm，测量结果为表读数乘以0.2，此时测量范围为±0.2～±5kV，测量误差小于20%。

（三）其他测量

其他各项测量的方法详见仪表使用说明书。

五、注意事项

（1）避免强烈的机械性冲击。

（2）当仪表显示“LOBAT”字样时，应在安全场所更换电池。

（3）长期不使用时，应取出电池。

（4）发现故障，切勿自行拆卸，应与有关部门联系，以免影响仪表防爆性能。

（5）按要求及时对仪表进行校对。

（6）其他详见使用说明书。

第三节　万用表

一、概述

万用表是一种常用的多用途的电工仪表，也是油库常用的安全检测仪表。它不但可以测量多种电参数，而且每个测量项目又可以有几个量程。万用表的型号和规格很多，现介绍油库较为广泛使用的 MF47 型模拟万用表和 DT－830B 型液晶显示数字式万用表两种。

二、适用对象

MF47 型模拟万用表和 DT－830B 型液晶显示数字式万用表都为非防爆结构仪表，适用于测量直流电流、直流电压、交流电压、电阻、电平、电感、电容等参数(在爆炸危险场所应慎用)。

三、使用技术条件

(一) MF47 型模拟万用表使用的技术条件

MF47 型模拟万用表使用的技术条件见表 7－3。

表 7－3　MF47 型万用表的技术条件

项目名称		使用技术条件(量限范围)	灵敏度及电压降
量限范围	直流电流	0－0.05mA－0.5mA－5mA－50mA－500mA－5A	0.3V
	直流电流	0－0.25V－1V－2.5V－10V－50V－250V－500V－1000V－2500V	20000Ω/V
	交流电流	0－10V－50V－250V(45－65－5000Hz)－500V－1000V－2500V(45－65Hz)	9000Ω/V
	直流电流	R×1R×10R×100R×1KR×10K	R×1 中心刻度为 16.5Ω

续表

项目名称	使用技术条件(量限范围)	灵敏度及电压降
环境温度	0~40℃	
环境湿度	相对湿度<85%	
电池	2号干电池1只	
	5号干电池2只	

(二)DT-830B型液晶显示数字式万用表的使用技术条件

DT-830B型液晶显示数字式万用表的使用技术条件见表7-4。

表7-4　DT-830B型万用表的使用技术条件

项目名称	使用技术条件		
	量限范围	分辩力	准确度
直流电压	200mV	100μV	±(0.5%+2)
	2000mV	1mV	
	20V	10mV	
	200V	100mV	
	1000V	1V	±(0.8%+2)
直流电流	200μA	100nA	±(1%+2)
	2000μA	1μA	
	20mA	10μA	
	200mA	100μA	±(1.2%+2)
	10A	10mA	±(2%+2)
交流电压	200V	100mV	±(1.2%+10)
	750V	1V	
电阻	200Ω	0.1Ω	±(0.8%+2)
	2000Ω	1Ω	
	20kΩ	10Ω	
	200kΩ	100Ω	
	2000kΩ	1kΩ	±(1%+2)
工作环境	温度0~40℃，相对湿度<75%		
存放环境	温度-15~40℃		
电池	9V电池1只		

四、工作原理

万用表虽其型号和规格很多，但工作原理大体相同。简单的万用表的电路原理如图 7-8 所示。

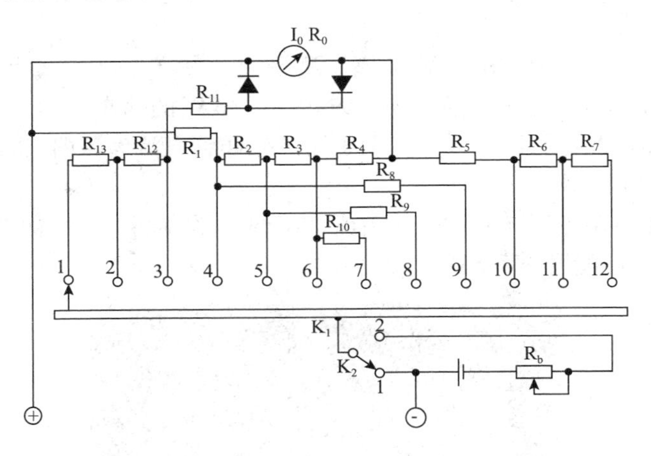

图 7-8　万用表电路原理简图

图中 K_1 是一个具有 12 个分接点的转换开关，当拨动触头与不同的分接点相连时，就接通了不同的电路，以便用来选择测量参数和量程。K_2 是一个单刀双投开关，测量电阻时 K_2 与 2 点接通；进行其他测量时，K_2 拨在 1 的位置上。

K_2 接到 1 点时，K_1 置于 1、2、3 位置，可测量交流电压；置于 4、5、6 位置，可测量直流电流；置于 10、11、12 位置，则可测量直流电压。

当 K_2 接到 2 点时，K_1 拨到 7、8、9 位置，电池接入电路，这时就可以测量电阻值。

五、MF47 型模拟万用表

（一）面板构成及功能

MF47 型万用表面板构成如图 7-9 所示。它由开关指示盘和标度盘两大部分组成。

(1)转换开关。该表开关指示盘内的转换开关设有若干档位，用以满足不同种类和不同量程的测量要求。交流档位为红色，晶体管档位为绿色，其余档位为黑色。

(2)“＋”“－”插座。测量时，分别对应插入表笔的红、黑插头。

(3)“2500V”和“5A”插座。测量交、直流2500V或直流5A时，红插头分别对应插入标“2500V”或“5A”的插座中。

(4)晶体管测试插座。用于测试晶体管直流参数时，插入相应的管脚。

(5)调零器。万用表使用前，用调零器调整，使指针准确地指示在标度尺“0”位置上。

图7-9　MF47型万用表面板构成

(6)零欧姆调整旋钮。测电阻时，每换一档量程时用它调整，使指针指在“0”欧姆的位置上。

(7)标度盘。标度盘上从上向下共有 6 条刻度线(见图 7-10)，分别用于不同的测量种类和量程。

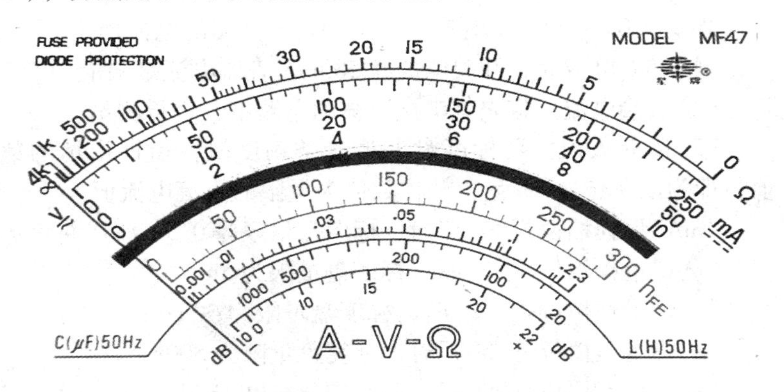

图 7-10　MF47 型万用表图标度盘

标度盘从上至下的用途：

①专供测电阻用；

②供测交直流电压和直流电流用；

③供测晶体管放大倍数用；

④供测电容用；

⑤供测电感用；

⑥供测音频电平用。

(二)使用方法

MF47 型万用表使用比以往的万用表便捷，现摘要介绍应用该表测量电流、电压和电阻等常规项目的操作使用方法。

1. 测量前的准备

(1)指针零位检查。测量前，检查指针是否指在机械零位上。如不指在零位时，应旋转表盖上的调零器使指针指示在零位上。

(2)插入表笔。将红、黑表笔分别插入“ + ”“ - ”插座中。

如测量交、直流2500V或直流5A时，红表笔必须按要求插入对应的插座中。

2. 直流电流测量

(1)开关档位选择。转换开关选择"mA"档(黑色)。

测量0.05～500mA电流时，开关转至所需的电流档位；

测量5A电流时，开关应放在500mA直流电流量限上。

(2)测量电流。将表笔串接于被测电路中，进行测量。

(3)读取数值。用标度盘上第二条刻度线，指针指示的数值，即为以所选"mA"量程档位数值为量限的直流电流值。

"mA"量程档位是"0.5"时，标度盘量限为0.5mA；

"mA"量程档位是"5"时，标度盘量限为5mA；

"mA"量程档位是"50"时，标度盘量限为50mA；

"mA"量程档位是"500"时，标度盘量限为500mA；

"mA"量程档位是"500"，而红表笔插在"5A"插座中时，标度盘量限为5A。

3. 交直流电压测量

(1)开关档位选择。测量交流10～1000V电压时，转换开关选择"V"档(红色)，并转至所需的电流档位。

测量直流0.25～1000V电压时，转换开关选择"V"档(黑色)，并转至所需的电流档位。

测量交直流2500V电压时，转换开关分别转至交流1000V或直流1000V档位。

(2)测量电压。将表笔跨接于被测电路两端，进行测量。

(3)读取数值。用标度盘上第二条刻度线，指针指示的数值，与前述"2. 直流电流测量"中的(3)同理，即为以所选"V"量程档位数值为量限的电压值。各档位量限不再列举。

4. 直流电阻测量

(1)安装电池。直流电阻测量时，须安装R14型2号1.5V及6F22型9V电池各一只。

(2)被测设备断、放电。测量电路中的电阻之前，应先切断电源；如电路中有电容，则应先行放电。

(3)开关档位选择与调零。转动转换开关至“Ω”档中所需测量的电阻档位。将两表笔端头短接，调整零欧姆旋钮，使指针对准于标度盘“Ω”刻度的“0”位置上。

(4)电阻测量。调零后，分开两表笔即可测被测电阻。测量时，两手不能同时触及电阻的两端，以免发生不应有的误差。

(5)读取数值。以指针指示的标度盘“Ω”数值，乘以所选电阻档位的倍率数即为所测得的电阻数值。

5. 其他测量

其他各项测量，其方法详见仪表使用说明书。

(三)注意事项

(1)在测试高压或大电流时，不准带电转动转换开关，以防烧坏开关。

(2)测未知量的电压或电流时，应先选择最高量程档。待第一次读取数值后，方可逐渐转至适当档位以取得较准读数并避免烧毁电路。

(3)严禁带电测量电阻。测量电阻时，应将被测电阻与电路断开。

(4)不能用欧姆档或电流档去测试电压，否则会烧毁仪表。

(5)每次测量完毕后，应将转换开关转至高电压档，以免下次误用，损坏仪表。

(6)长期不用时，应将电池取出，以防电池变质，损坏电表。

(7)仪表应存放在符合说明书要求的温度、湿度条件，并不含有腐蚀性气体的场所。

六、DT－830B 型数字式万用表

(一)面板构成及功能

DT－830B 型数字式万用表面板构成如图 7－11 所示。它由开关指示盘、插座、液晶显示屏幕三部分组成。

(1)转换开关。该表开关指示盘内采用旋转式转换开关，集功能选择、量程选择和电源开关于一体。功能和量程选择设有若干档位，用以满足不同种类和不同量程的测量要求。电源开关在该仪表不使用时，旋至“OFF”位置。

(2)“COM”端插座。用作公共地端子。

(3)“VΩmA”端插座。用作电压、电阻、小于 200mA 的电流、频率、逻辑电平输入端，50Hz 方波输出端子。

(4)“10A”端插座。用作大于 200mA 的电流输入端。

(5)晶体管测试插座。用于插入晶体管，测试参数。

(6)液晶显示屏。三位半，12mm 字高，液晶显示测量数值。

图 7-11 DT-830B 型数字式万用表面板构成图

(二)使用方法

该表用途很多，仅摘要介绍测量电流、电压和电阻等常规项目时的操作使用方法。

1. 直流电压测量

(1)开关档位选择。将转换开关旋至直流 V(DCV)档，选择适当的量程。如果不能预知被测电压范围，选择最高量程档。

（2）插入表笔。红表笔插入“VΩmA”座，黑表笔插入“COM”座。

（3）测量及读数。将红、黑表笔并联到被测线路两端，从液晶显示屏读取电压数值。

2. 直流电流测量

（1）开关档位选择。将转换开关旋至直流 A（DCA）档，选择相应的量程。

（2）插入表笔。测量小于 200mA 的电流，红表笔插入“VΩmA”座；测量大于 200mA 的电流，红表笔插入“10A”座；黑表笔插入“COM”座。

（3）测量及读数。将红、黑表笔串联到被测线路上，从液晶显示屏读取电流数值。

3. 交流电压测量

（1）开关档位选择。将转换开关旋至交流 V（ACV）档，选择适当的量程。如果不能预知被测电压范围，选择最高量程档。

（2）插入表笔。红表笔插入“VΩmA”座，黑表笔插入“COM”座。

（3）测量及读数。将红、黑表笔并联到被测线路两端，从液晶显示屏读取电压数值。

4. 电阻测量

（1）开关档位选择。将转换开关旋至 Ω 档，选择适当的量程。

（2）插入表笔。红表笔插入“VΩmA”座，黑表笔插入“COM”座。

（3）被测线路断、放电。测量在线电阻时，必须关闭电源，所有电容必须放电。

（4）测量及读数。将红、黑表笔串联到被测线路，从液晶显示屏读取电阻数值。

5. 其他测量

其他各项测量，其方法详见仪表使用说明书。

（三）注意事项

注意事项与 MF47 型模拟万用表相同。

第四节　兆欧表

兆欧表也叫摇表，因其标度以兆欧（MΩ）为单位，故称为兆欧表。它是油库中不可缺少的一种安全检测仪表。油库较为常用的有 ZC25－3 型兆欧表。

一、适用对象

ZC25－3 型兆欧表为非防爆结构仪表，适用于在无可燃性气体场所中测量各种电机，变压器、电缆、绝缘导线及其他绝缘电器的绝缘电阻值。

二、使用技术条件

ZC25－3 型兆欧表使用技术条件见表 7－5。

表 7－5　ZC25－3 型兆欧表使用技术条件

项目名称	使用技术条件
电压等级	500V 以下
检测范围	0～500MΩ
手柄转速	120r/min

三、工作原理

兆欧表的工作原理如图 7－12 所示。

它的磁电式表头有两个互成一定角度的可动线圈，装在一个有缺口的圆柱铁芯外面，并与指针一起固定在同一转轴上，构成表头的可动部分，被置于永久磁铁中，磁铁的磁极与圆柱铁芯之间的气隙是不均匀的。由于指针没有阻尼弹簧，在仪表

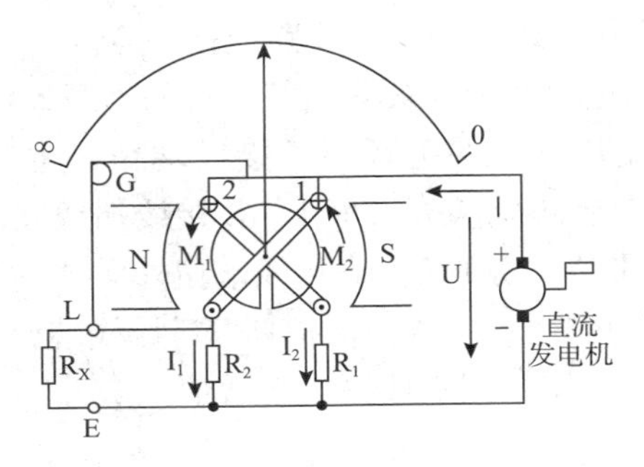

图 7-12　兆欧表工作原理示意图

不用时，指针可停留在任何位置。

摇动手柄，直流发电机输出电流。其中，一路电流 I_1 流入线圈 1 和被测电阻 R_x 构成的回路；另一路电流 I_2 流入线圈 2 与附加电阻 R_1 构成的回路，从而实现电阻摇测。

四、面板构成及功能

兆欧表有多个型号，图 7-13 所示为 ZC25－3 型兆欧表的外形。它的面板上主要有接线端钮和标度盘两大部分(其他型号兆欧表面板构成略有差异)。

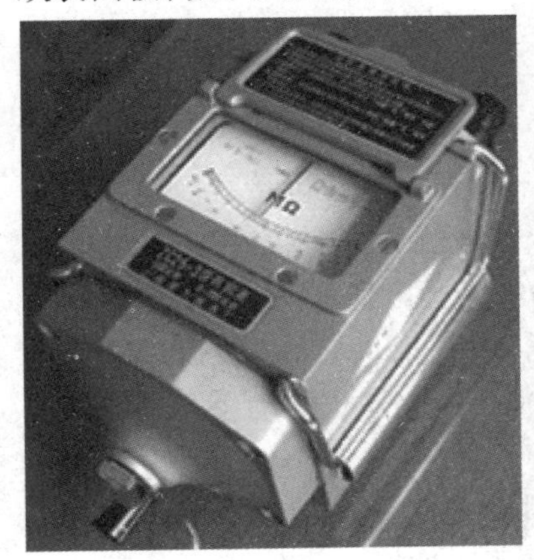

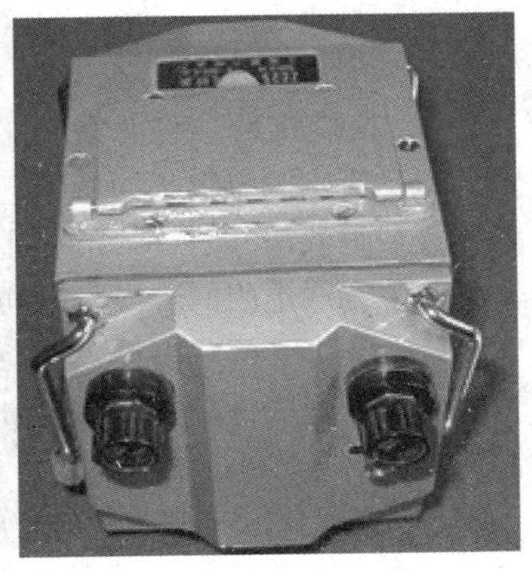

图 7-13　兆欧表的外形

（1）“L”端钮。用于与被测线路连接。

（2）“E”端钮。用于与被测电气设备的外壳或接地线连接。

（3）“G”端钮。叫保护环“G”接线端钮，也叫屏蔽接线端钮。它的作用是：消除表壳表面 L、E 接线端钮间漏电和所测绝缘表面漏电的影响。有的在“L”接线端钮外面装一个钢环，具有同保护环一样的作用，以省去保护环“G”接线端钮。

（4）标度盘。用于读取所测电阻数值。

五、使用方法

（一）开路和短路试验

测量前，先对兆欧表作一次开路和短路试验，检查兆欧表是否良好。将两表线开路，摇动手柄，表针应指“∞”；再将两表线短路相接，表针应指“0”。否则，说明兆欧表有故障或误差。在短路试验时，应将两线连接牢固后，才能摇动手柄，否则会因接触不良，打出火花。

（二）摇测绝缘电阻

（1）被测设备断、放电。测量绝缘电阻前，必须将所测设备的电源切断，对高压设备、电容、电感还要短路放电，以保证安全。

（2）仪表接线。将兆欧表平稳放置。将接触点表面处理清洁，以免影响测量效果。如图 7－14 所示为正确接线。电气设备的外壳或地线应接在“E”端钮上；被测导线应接在“L”端钮上。测量电缆绝缘电阻时，应将中间绝缘层接到“G”端钮上。

（3）摇动手柄。由慢渐快摇动手柄，转速一般以 120r/min 为宜。如发现表针已摆到“0”位时，即应停止摇动手柄，以防线圈损坏。

（4）读取数值。兆欧表的发电机在稳定转速下持续转动 1min 后，标度盘上的指针也稳定下来了。这时，表针指示的数值就是所测得的绝缘电阻值。

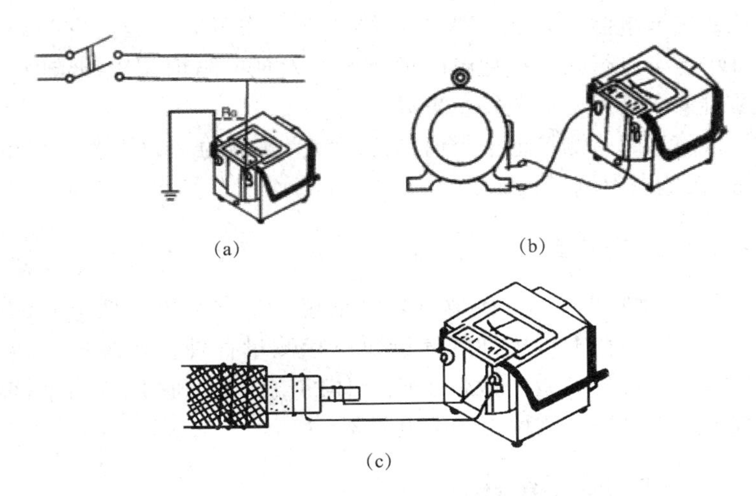

图 7－14　兆欧表使用时的连接方法

六、注意事项

(1) 表线应采用绝缘良好的软线，并分开单独连接，不允许用双股绝缘绞线或平行线，以免影响读数。

(2) 测量完毕后，在发电机未停止转动和被测设备没有放电之前，不允许用手触及被测设备或拆除导线，以防触电。

(3) 在有雷电时或邻近有高压带电体的设备上，均不得使用兆欧表进行测量。

(4) 不使用时，应放置于温度适宜、空气清洁、干燥场所的固定橱内，防止仪表受潮、腐蚀生锈。

第五节　接地电阻测量仪

一、概述

油库中的接地装置，受埋置环境条件的影响，随着时间的增长，接地电阻会增大。为保证接地极工作可靠，应按有关规定每年至少进行两次接地电阻值检测，发现电阻值超出规定时，应及时采取措施，以免发生事故。

目前油库检测接地电阻值，使用较为普遍的是 ZC－8 型(四端钮)接地电阻测量仪。

二、适用对象

ZC－8 型(四端钮)接地电阻测量仪，是一种检测低电阻的仪表，适用于在无可燃性气体场所直接测量各种接地装置的接地电阻值，也可测量一般低电阻导体的电阻值。它具有四个接线端钮，还可用来测量土壤的电阻率。

三、使用技术条件

ZC－8 型(四端钮)接地电阻测量仪的使用技术条件见表 7－6。

表 7－6　ZC－8 型(四端钮)接地电阻测量仪的使用技术条件

<table>
<tr><td colspan="2">项目名称</td><td colspan="3">使用技术条件</td></tr>
<tr><td colspan="2">检测范围</td><td colspan="3">0～1/10/100Ω</td></tr>
<tr><td colspan="2">手柄转速</td><td colspan="3">120r/min</td></tr>
<tr><td colspan="2" rowspan="2">准确度</td><td colspan="3">额定值的 30% 以上为指示值的 ±5%</td></tr>
<tr><td colspan="3">额定值的 30% 以下为指示值的 ±1.5%</td></tr>
<tr><td colspan="2">探测针埋设</td><td>接地极的形状（接地体长度 L）</td><td>E′－P′间距/m</td><td>P′－C′间距/m</td></tr>
<tr><td rowspan="2">探针形状</td><td rowspan="2">管状或板状</td><td>L≤4m</td><td>≥20</td><td>≥20</td></tr>
<tr><td>L>4m</td><td>≥5L</td><td>≥40</td></tr>
<tr><td>敷设形式</td><td>沿地面成带状或网状</td><td>L>4m</td><td>≥5L</td><td>≥40</td></tr>
</table>

四、工作原理

接地电阻测量仪的检测原理线路如图 7－15 所示。

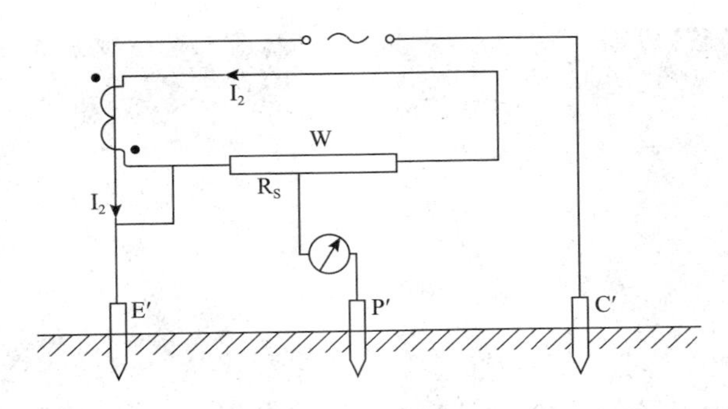

图 7-15 接地电阻测量仪检测原理线路图

线路中主要包括手摇发电机、电流互感器、电位器和磁式检流计。当手摇发电机以 120r/min 以上的转速摇转时，产生约 110 ~ 115Hz 的交流电。

电流 I_1 从发电机经过电流互感器一次绕组、接地极 E′、大地和电流探测针 C′，回到发电机，形成闭合回路。电流互感器次级电流 I_2 经电位器 W 形成回路。电流 I_1 在被测电阻上造成的电压降为 $U_1 = I_1R_x$；电流 I_2 在 R_S 上造成的电压降为 $U_2 = I_2R_S$。调节电位器的滑动臂位置，使接于滑动臂与探测针之间的检流计指针指到零位。这时 $U_1 = U_2$，即：$I_1R_x = I_2R_S$

则：$R_x = (I_2/I_1)R_S = KR_S$

式中，K 为电流互感器的变流比。

可以看出，R_x 仅由变流比 K 和 R_S 来确定。

于是，被测电阻 R_x 的值，通过调节电位器的电阻 R_S 就可以测得。

五、面板构成及功能

ZC-8 型接地电阻测量仪外形如图 7-16 所示。

它的面板上主要有接线端钮、标度盘及旋钮组合、零位调整器等部分(其他型号兆欧表面板构成略有差异)。

1. 接线端钮

C_1 端钮：用于与电流探测针 C′连接。

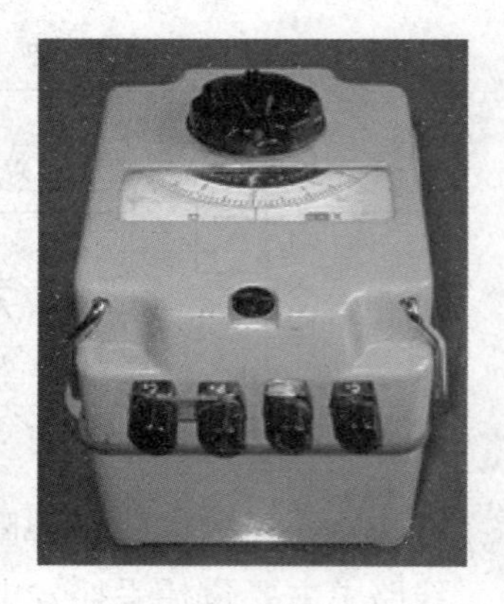

图 7-16　ZC-8 型接地电阻测量仪外形图

P_1 端钮：用于与电位探测针 P′连接。

C_2 及 P_2 端钮：两端钮短接，用于与接地极 E′连接；两端钮间短接片打开，则分别用于与接地极连接。

2. 测量标度盘及旋钮组合

测量标度盘及大旋钮组合，用于读取检测数据。

3. 倍率标度盘及旋钮组合

倍率标度盘及小旋钮组合，用于扩大或缩小读取数据倍数确定。

4. 零位调整器

用于将检流计指针调整到中心线上。

六、使用方法

测量接地电阻时，仪表接线如图 7-17 所示。

1. 隔离接地极

拆除被测接地极与设备的电气连接，使其处于隔离状态。

2. 埋设探测针及联线

沿被测接地极 E′，使电位探测针 P′和电流探测针 C′按同一直线上彼此相距 20m 埋设，电位探测针 P′应插于接地极 E′与电流探测针 C′之间。用导线分别将 E′、P′和 C′与仪表上相应的

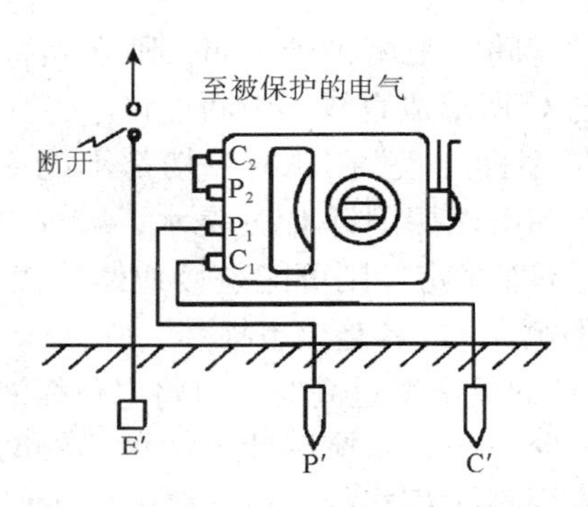

图 7－17　接地电阻检测接线图

C_2、P_2、P_1、C_1 端钮连接。

3. 检查仪表指针并调“中”

将仪表放置水平位置，检查检流计指针是否指于中心线上。否则，用零位调整器将其调整在中心线上。

4. 摇测接地电阻

将“倍率标度盘”转至最大倍数的位置上，慢慢摇动发电机的手柄，同时转动“测量标度盘”，使检流计的指针指在中心线上。

在检流计的指针接近平衡时，加快发电机手柄的转速。当转速达到 120r/min 以上时，同时调整“测量标度盘”，以得到正确的读数。

当“测量标度盘”的读数小于 1 时，应将“倍率标度盘”放在较小倍数的位置，再重新调整“测量标度盘”，以得到正确的读数。

5. 读取数值

用“测量标度盘”的读数乘以“倍率标度盘”的倍数，即为所测的接地电阻值。

七、注意事项

(1) 当接地极 E′与电流探测针 C′之间的距离大于 20m，而电位探测针 P′插在偏离 E′、C′直线仅几米时，其测量误差可以不计。但如 E′、C′间的距离小于 20m，则必须将电位探测针 P′正确地插入 E′与 C′所形成直线的中间位置。

(2)如果“倍率标度盘”在任何一档都不能使表针稳定，可在电位探测针 P′和电流探测针 C′处浇水，减少电阻，然后再重新调整。如果仍不能稳定，则可能是接地体的接地电阻值太大，超过了仪表测量范围，或者是仪表损坏。

(3)当检流计的灵敏度过高时，可将电位探测针 P′插入土壤中的深度略为减少一些。如检流计灵敏度不够时，则可对电位探测针 P′与电流探测针 C′之间一段土壤采用注水湿润处理。

(4)当检测小于 1Ω 的接地电阻时，应将仪表 C_2、P_2 接线柱间的短接片打开，再分别另用导线连接在被测接地极上(见图 7-18)，以消除测量时连接导线本身电阻的附加误差。

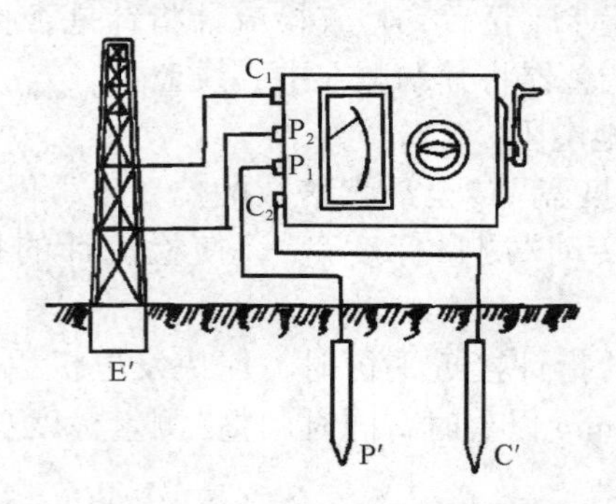

图 7-18　检测小于 1Ω 接地电阻的接线图

第八章　消防检测仪表

第一节　火焰探测器

一、油库火焰探测器的简介

（一）概述

符合一级油库标准及涉及重点监管危险化学品、符合二级油库标准的应设置火焰探测器。

根据火焰的光特性，使用的火焰探测器有三种：一种是对火焰中波长较短的紫外光辐射敏感的紫外探测器；另一种是对火焰中波长较长的红外光辐射敏感的红外探测器；第三种是同时探测火焰中波长较短的紫外线和波长较长的红外线的紫外/红外混合探测器。

具体根据探测波段可分为：单紫外、单红外、双红外、三重红外、红外/紫外、附加视频等火焰探测器。油库火焰探测器宜采用多频红外式火焰探测器。

（二）多频红外式火焰探测器基本测量原理

多频红外火焰探测器内有两个红外传感器，形成两个不同波段的信号处理通道。一为火焰探测通道，另一为背景光探测通道。在中红外光谱区的两个波段上分别对火焰信号和背景干扰信号（如：阳光、照明、电焊弧及人工热体等非火灾红外辐射干扰）的辐射变化作出响应。信号经模数变换后，探测器利用微处理器的数据采集与数据处理功能直接对火焰信号和背景信号进行相关的运算和分析，根据两个通道信号的变化关系来判断有无火焰存在，达到早期探测火焰并抑制误报的目的。在设计中，信号通道又分成两条电子线路。一为低频率通过线路，另一为高频率通过线路，分别对小型火灾时的火焰和中、大型火灾时的火焰进行探测，使其探测功能更加全面。探测器将探测结果作为状态信息传输给火灾报警控制器。

（三）多频红外式火焰探测器主要性能指标

（1）探测器灵敏度：按国家标准 GB 15631 规定，可达到一级灵敏度，即 $1100cm^2$ 面积的乙醇火、正庚烷火或汽油火。探测器响应距离不小于 25m。

（2）探测器视锥角：≤90°。

（3）探测器抗干扰能力：不受阳光及人工照明等背景光的干扰。

（4）探测器具有防爆、防水、防尘和抗电磁干扰性能。

（5）探测器响应时间：≤30s。

（6）信号输出方式：模拟量输出：4～20mA；无源触点输出（火灾报警或故障报警）。

（四）多频红外式火焰探测器的安装

（1）火焰探测器宜设置在储罐罐顶。

①一般原则为将探测器安装在该保护区域内最高的目标高度两倍的地方。探测器对监视区所发生的火灾仅限于其视场角之内有效，安装时应特别注意选择探测器的安装位置。在探测器的有效范围内，不能受到阻碍物的阻挡，其中包括玻璃等透明的材料和其他的隔离物，同时能够涵盖所有目标和需要保护的地区，而且方便定期维护。

②探测器安装时一般向下倾斜 30°～45°，即能向下看又能向前看，同时又减低镜面受到的污染的可能。应该对保护区内各可能发生的火灾均保持直线入射，避免间接入射和反射。

③为避免探测盲区，一般在对面的角落安装另一只火焰探测器，同时也能在其中一只火焰探测器发生故障时提供备用。

(2)火焰探测器也可以安装在防火堤或隔堤的固定位置上，罐区另有围墙或围栏也可安装于此，如果以上位置都无法有效安装火焰探测器时可以架设安装架。防火堤是指可燃液体物料储罐发生泄漏事故时，防止液体外流和火灾蔓延的构筑物。隔堤用于减少防火堤内储罐发生少量泄漏事故时的影响范围，而将一个储罐组分隔成多个分区的构筑物。如火焰探测器安装于防火堤或者隔堤上，要保证保护区域在探测范围内。火焰探测器安装于罐区探测区，呈90°辐射探测区，安装高度一般为探测器俯视探测区域中心点的角度为45°。一般火焰探测器的探测距离最高为50m左右，如罐区面积比较大，可以在罐区边线上甚至探测保护区域内布置探测器，以保证区域被百分百探测保护到。

安装示意图如图8-1所示。

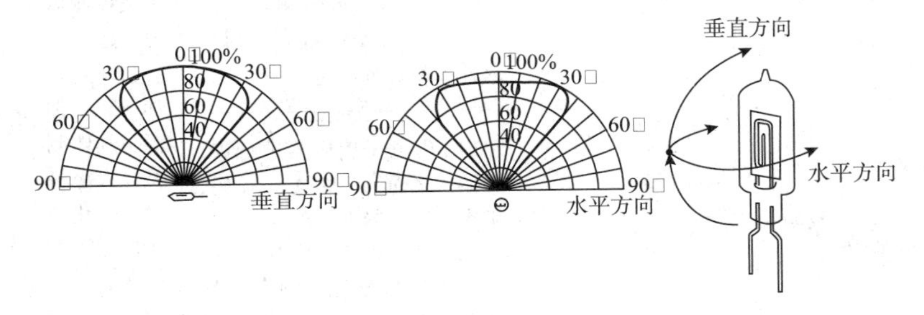

图8-1　火焰探测器安装示意图

二、火灾探测器的检测

在火灾自动报警及消防联动系统的日常检查和维护保养过程中，常常会出现火灾探测器无响应、信号回路丢失、某一个或某一回路上连续几个探测器误报的现象。对此类故障常用的检测方法是利用报警器对其进行测试，给报警控制器接出一个报警回路，用报警器的报警、自检等功能对火灾探测器进行单体试验。不同种类火灾探测器的检测方法见表8-1。

表 8-1　不同种类火灾探测器的检测方法

火灾探测器类型	说明	检测方法	故障判断
1. 点型感烟探测器	内置单片机、电子编码	（1）用电子编码器进行读、写码，若正常读写码，则火灾探测器工作正常 （2）吸一口香烟，距火灾探测器 200mm 处喷向探测器，并吹热风，出现火警灯常亮，则火灾探测器正常	（1）如果探测器不能正常读、写编码，说明火灾探测器有问题 （2）进行加烟、加温、气体测试，火警灯没有变化说明探测器有问题
2. 点型差定温感温探测器	内置单片机、电子编码	（1）用电子码编码器进行读、写码，若能正常读、写码，则火灾探测器工作正常 （2）采用电吹风在距探测器 500mm 处向火灾探测器吹热风，出现火警灯常亮，则火灾探测器正常	
3. 烟温复合探测器		（1）用电子编码器进行读、写码，若能正常读、写码，则火灾探测器工作正常 （2）用上述两种方法测试，出现火警灯常亮，则火灾探测器正常	
4. 可燃气体探测器	半导体气敏元件可探测液化气、天然气、煤气，电子编码	（1）用电子编码器进行读、写码，若能正常读、写码，则火灾探测器工作正常 （2）用变通充气打火机气体测试，出现火警灯常亮，则火灾探测器正常	

三、火灾探测器的故障分析

火灾探测器的故障分析见表 8-2。

表 8-2　火灾探测器的故障分析

故障现象	故障原因简析	处理方法
1. 探测器不响应	探测器自身故障或线路与探测器的连接点断线或虚接	换一个探测器，检查接点是否虚接，是否有电压
2. 回路部分丢失	两点以上探测器不响应，报警显示回路部分丢失，可能是探测器自身故障或线路断路	在故障段始端，检查接点是否虚接，是否有电压
3. 某一探测器误报	可能是探测器自身故障，受潮、电气干扰或存在影响火灾探测器正常工作的环境干扰	换一个探测器，检查是否漏水，检查周围环境是否有强电干扰，排除各种干扰因素
4. 某一回路上连续几误报	可能是电气干扰或影响火灾探测器正常工作的环境干扰	检查周围环境是否有强电干扰，排除各种干扰因素

第二节　光纤光栅感温探测器

符合一级油库标准及涉及重点监管危险化学品、符合二级油库标准的应设置线型感温探测器。线型感温探测器宜采用光纤光栅感温探测器，即可以监测储罐的温度值又可以设定超温火灾报警。

一、光纤光栅感温探测器基本测量原理

光栅的基本结构为沿纤芯折射率周期性的调制(如图 8-2)，所谓调制就是本来沿光纤轴线均匀分布的折射率产生大小起伏的变化。

光纤的材料为石英，由芯层和包层组成。通过对芯层掺杂，使芯层折射率 n_1 比包层折射率 n_2 大，形成波导，光就可以在芯层中传播。当芯层折射率受到周期性调制后，即成为光栅。光栅会对入射的宽带光进行选择性反射，反射一个中心波长与芯层折射率调制相位相匹配的窄带光，则中心波长为布喇格波长。如果光栅处的温度发生变化，由于热胀冷缩，光栅条文周期也会跟随温度变化，光栅布喇格波长也就跟着变化。这样通过检

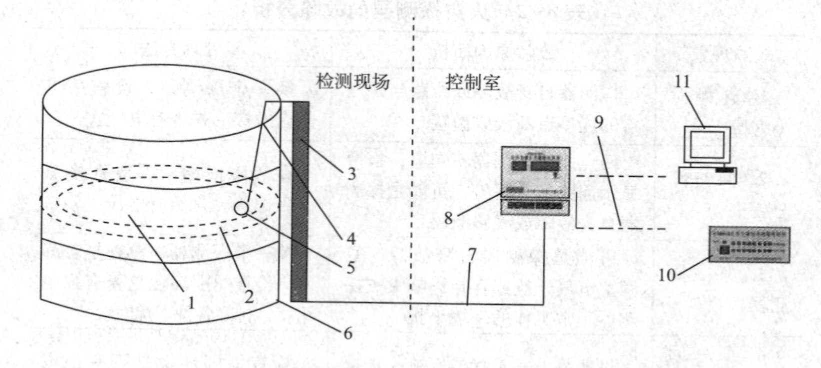

图 8-2 光纤光栅感温探测器基本测量原理示意图

1—油罐浮顶；2—连接光缆(后接感温传感器探头)；3—光缆保护管；4—传输光缆(长度可调)；5—光缆连接器；6—油罐；7—传输光缆；8—信号处理器；9—电缆；10—报警控制器；11—系统计算机

测光栅反射光的波长变化，就可以知道光栅处的温度变化。

一根光纤上串接多个光栅(各具有不同的光栅常数)，宽带光源所发射的宽带光经 Y 型分路器通过所有的光栅，每个光栅反射不同中心波长的光，反射光经 Y 型分路器的另一端口耦合进光纤光栅感温探测信号处理器，通过光纤光栅感温探测信号处理器探测反射光的波长及变化，就可以得到解调数据，再经过处理，就得到对应各个光栅处环境的实际温度。

二、光纤光栅感温探测器的性能特点

(1)光纤探测并直接进行信号传输，现场不需供电，抗电磁干扰，可靠性高；

(2)采用光栅进行信号检测，信号数字化，不受光强起伏变化干扰，检测精确度高；

(3)可实现单点温度测量、定位和逐点报警；

(4)实现差定温复合报警，报警准确；

(5)系统具有自检功能，可实时监测自身运行情况并输出故障报警声光信号；

(6)信号衰减小，远距离传输，实现远程监控；

(7)系统组成方便灵活，各检测系统相对独立，结构紧凑，安装维护方便；

(8)抗腐蚀性好，使用寿命长。

三、光纤光栅感温探测器的安装

(1)在油库应用中，一般将其安装在储罐(拱顶罐、浮顶罐)上。拱顶罐一般安装在罐顶，浮顶罐一般安装于浮顶的二次密封圈处。当采用光纤光栅感温探测器时，光栅探测器的间距不应大于3m。消防的光纤感温探测器应根据消防灭火系统的要求进行报警分区。每台储罐至少设置一个报警分区。

(2)感温探测器可采用导热胶固定在罐上，也可以在罐顶固定一根支撑钢丝，至少每隔3m用一个支架来固定钢丝。然后将感温光缆固定在支撑钢丝上，每隔1m用扎带将感温光缆和钢丝扎紧。支撑钢丝应当收紧，当有外力碰撞时保护光缆不受张力影响。钢丝的材料选用大于$\phi 5$的不锈钢丝。

(3)感温探测器及连接光缆固定后应避免与罐内介质直接接触。

(4)在感温光缆通往被保护物体的过程中可以走弱电桥架，如果没有桥架则需敷设保护管或是线槽，以保护光缆安全，绝不允许光缆单独悬空走线。

四、光纤光栅感温探测器在油库中的应用

在油库火灾检测中，光纤光栅感温探测器一般和传输光缆、感温火灾探测处理器配合使用。光纤光栅感温火灾探测器安装在被测点表面，实现温度信号的采集；感温火灾探测处理器放置在主控制室内；被测点和感温火灾探测处理器之间采用光纤光缆进行信号传输；感温火灾探测处理器输出多路温度报警开关信号、故障报警开关信号，并可以通过以太网口或者串行口向控制系统、火灾报警控制器传送信号，可实现在系统中分区温度显示、分区温度报警和各光路故障报警及消防控制。

第九章　常用压力温度测量仪表

压力仪表是油库最常用的仪表之一。它体积小、重量轻、结构简单，是油品储存、流转过程中通过压力来反映运行设备安全状态的主要窗口，在油库安全运行上发挥着至关重要的作用。

第一节　常用压力测量仪表

一、压力表

（一）基本测量原理

压力表通过表内的敏感元件（波登管、膜盒、波纹管）的弹性形变，再由表内机芯的转换机构将压力形变传导至指针，引起指针转动来显示压力。

（二）主要分类

（1）按测量精确度，可分为精密压力表和一般压力表。精密压力表的测量精确度等级分别为0.05、0.1、0.16、0.25、0.4级；一般压力表的测量精确度等级分别为1.0、1.6、2.5、4.0级。

（2）按测量基准，压力表按其指示压力的基准不同，分为一般压力表、绝对压力表、不锈钢压力表、差压表。一般压力表以大气压力为基准；绝对压力表以绝对压力零位为基准；差压表测量两个被测压力之差。

（3）按测量范围，分为真空表、压力真空表、微压表、低压表、中压表及高压表。真空表用于测量小于大气压力的压力值；

压力真空表用于测量小于和大于大气压力的压力值；微压表用于测量小于60000Pa的压力值；低压表用于测量0～6MPa压力值；中压表用于测量10～60MPa压力值。

(4)按显示方式，分为指针压力表，数字压力表。

(5)按使用功能，分为就地指示型压力表和带电信号控制型压力表。一般压力表、真空压力表、耐震压力表、不锈钢压力表等都属于就地指示型压力表，除指示压力外无其他控制功能。

(6)按测量介质特性不同，分为一般型压力表、耐腐蚀型压力表、防爆型压力表、专用型压力表。

(7)按用途，可分为普通压力表、氨压力表、氧气压力表、电接点压力表、远传压力表、耐振压力表、带检验指针压力表、双针双管或双针单管压力表、数显压力表、数字精密压力表等。

(三)选用原则

压力表的选用应根据使用工艺生产要求，针对具体情况做具体分析。在满足工艺要求的前提下，应本着节约的原则全面综合考虑，一般应考虑以下几个方面的问题：

1. 类型的选用

(1)自动记录或报警，被侧介质的性质(如被测介质的温度高低、黏度大小、腐蚀性、脏污程度、是否易燃易爆等)是否对仪表提出特殊要求，现场环境条件(如湿度、温度、磁场强度、振动等)对仪表类型的要求等。根据工艺要求正确地选用仪表类型是保证仪表正常工作及安全生产的重要前提。

(2)普通压力表的弹簧管多采用铜合金(高压的采用合金钢)；氨用压力表弹簧管的材料采用碳钢(或者不锈钢)，不允许采用铜合金，因为氨与铜接触会因化学反应而引起爆炸，所以普通压力表不能用于氨压力测量。

(3)氧气压力表与普通压力表在结构和材质方面可以完全一样，只是氧用压力表必须禁油。因为油进入氧气系统易引起爆炸。所用氧气压力表在校验时，不能像普通压力表那样采用油作为工作介质，并且氧气压力表在存放中要严格避免接触油污。如果必须采用现有的带油污的压力表测量氧气压力，使用前必须用四氯化碳反复清洗，认真检查直到无油污时为止。

2. 测量范围的确定

(1)为了保证弹性元件能在弹性变形的安全范围内可靠地工作，在选择压力表量程时，必须根据被测压力的大小和压力变化的快慢，留有足够的余地，因此，压力表的上限值应该高于工艺生产中可能的最大压力值。根据“化工自控设计技术规定”，在测量稳定压力时，最大工作压力不应超过测量上限值的2/3；测量脉动压力时，最大工作压力不应超过测量上限值的1/2；测量高压时，最大工作压力不应超过测量上限值的3/5。一般被测压力的最小值应不低于仪表测量上限值的1/3，从而保证仪表的输出量与输入量之间的线性关系。

(2)根据被测参数的最大值和最小值计算出仪表的上、下限后，不能以此数值直接作为仪表的测量范围。我们在选用仪表的标尺上限值时，应在国家规定的标准系列中选取。

(四)应用注意事项

(1)仪表必须垂直，不应强扭表壳，运输时应避免碰撞；

(2)使用中因环境温度过高，仪表指示值不回零位或出现示值超差，可将表壳上部密封橡胶塞剪开，使仪表内腔与大气相通即可；

(3)仪表使用范围，应在上限的1/3～2/3之间；

(4)在测量腐蚀性介质、可能结晶的介质、黏度较大的介质时应加隔离装置；

(5)仪表应经常进行检定(至少每三个月一次)，如发现故障应及时修理；当发现仪表指示不良或损坏时，应及时进行更换；

(6)需用测量腐蚀性介质的仪表，在订货时应注明要求条件，采用特殊材质的仪表。

二、压力变送器

（一）基本测量原理

当压力直接作用在测量膜片的表面，使膜片产生微小的形变，测量膜片上的高精度电路将这个微小的形变变换成为与压力成正比的高度线性、与激励电压也成正比的电压信号，然后采用专用芯片将这个电压信号转换为工业标准的4～20mA电流信号或者1～5V电压信号。

（二）基本分类

（1）普通压力变送器；

（2）防爆压力变送器；

（3）差压变送器；

（4）中、高温压力变送器；

（5）远传压力变送器。

（三）选用原则

在油库应用中，压力变送器除了测量工艺管线的压力外，主要用于混合库存管理系统密度测量，这时压力变送器精度不应低于0.07%。同时压力变送器的选用还应该注意以下几点：

（1）变送器要测量什么样的压力。先确定系统中要确认测量压力的最大值，一般而言，需要选择一个具有比最大值还要大1.5倍左右的压力量程的变送器。对于一些有峰值和持续不规则的上下波动的系统，这种瞬间的峰值能破坏压力传感器。然而，由于这样做会使精度下降，于是，可以用一个缓冲器来降低压力波动，但这样会降低传感器的响应速度。所以在选择变送器时，要充分考虑压力范围，精度及其稳定性。

（2）什么样的压力介质。要考虑的是压力变送器所测量的介质，在油库生产中，测量介质大都为原油、汽油、柴油等，用常规的材料即能满足要求。但是对于一些有腐蚀性的测量介质，那么就要采用化学密封，以有效地阻止介质与压力变送器的接液部分的接触，从而起到保护压力变送器，延长压力变送器的寿命的作用。

(3)变送器需要多大的精度。决定精度的因素有：非线性、迟滞性、非重复性、温度、零点偏置刻度和温度。精度越高，价格也就越高。每一种电子式的测量计都会有精度误差，由于各个国家所标的精度等级是不一样的，因此在选型时应特别加以注意。

(4)变送器的温度范围。通常一个变送器会标定两个温度范围，即正常操作的温度范围和温度可补偿的范围。正常操作温度范围是指变送器在工作状态下不被破坏的时候的温度范围，在超出温度补偿范围时，可能会达不到其应用的性能指标。温度补偿范围是一个比操作温度范围小的典型范围。在这个范围内工作，变送器肯定会达到其应有的性能指标。温度变化两方面影响着其输出，一是零点漂移，二是影响满量程输出。

(四)应用注意事项

(1)压力变送器应避免与腐蚀性或过热的介质接触；

(2)压力变送器测量液体压力时，取压口应开在流程管道侧面，以避免沉淀积渣；

(3)压力变送器测量气体压力时，取压口应开在流程管道顶端，并且变送器也应安装在流程管道上部，以便积累的液体容易注入流程管道中；

(4)测量蒸汽或其他高温介质时，需接加缓冲管(盘管)等冷凝器，不应使变送器的工作温度超过极限；

(5)冬季发生冰冻时，安装在室外的变送器必需采取防冻措施，避免引压口内的液体因结冰体积膨胀，导至传感器损坏；

(6)测量液体压力时，变送器的安装位置应避免液体的冲击(水锤现象)，以免传感器过压损坏；

(7)压力变送器接线时，电气接口应该防水处理，以防雨水等通过电缆渗漏进入变送器壳体内。

第二节　常用温度测量仪表

油库生产中，需要使用温度测量仪表对大罐和工艺管道内油品的温度进行测量。常用的温度测量仪表有双金属温度计、热电阻和多点平均温度计，其中，多点平均温度计在大罐计量中有着重要作用。

一、双金属温度计

(一)基本测量原理

双金属温度计的工作原理是利用二种不同温度膨胀系数的金属，为提高测温灵敏度，通常将金属片制成螺旋卷形状，当多层金属片的温度改变时，各层金属膨胀或收缩量不等，使得螺旋卷卷起或松开。由于螺旋卷的一端固定而另一端和一可以自由转动的指针相连，因此，当双金属片感受到温度变化时，指针即可在一圆形分度标尺上指示出温度来。

(二)基本分类

按双金属温度计指针盘与保护管连接方向可以把双金属温度计分成轴向型、径向型、135°向型和万向型四种。

二、热电阻

(一)基本测量原理

热电阻的测温原理是基于导体或半导体的电阻值随温度变化而变化这一特性来测量温度及与温度有关的参数。热电阻大都由纯金属材料制成，目前应用最多的是铂和铜，现在已开始采用镍、锰和铑等材料制造热电阻。热电阻通常需要把电阻信号通过引线传递到计算机控制装置或者其他二次仪表上。

（二）基本分类

（1）普通型热电阻。从热电阻的测温原理可知，被测温度的变化是直接通过热电阻阻值的变化来测量的，因此，热电阻体的引出线等各种导线电阻的变化会给温度测量带来影响。

（2）铠装热电阻。铠装热电阻是由感温元件（电阻体）、引线、绝缘材料、不锈钢套管组合而成的坚实体。

（3）端面热电阻。端面热电阻感温元件由特殊处理的电阻丝材绕制，紧贴在温度计端面。它与一般轴向热电阻相比，能更正确和快速地反映被测端面的实际温度，适用于测量轴瓦和其他机件的端面温度。

（4）隔爆型热电阻。隔爆型热电阻通过特殊结构的接线盒，把其外壳内部爆炸性混合气体因受到火花或电弧等影响而发生的爆炸局限在接线盒内，生产现场不会引起爆炸。

三、多点平均温度计

由于油库中某些大型储罐的体积庞大，结构多样，储罐内产品的特性不一，温度不一致，用单点温度测量作为产品平均温度来计算会造成很大的误差，而多点温度计能够提供液位下多点温度和液位上多点温度的测量。通过这些温度点的测量值，可以计算液位下平均温度、液位上平均温度、罐内平均温度，为准确计算液体质量提供依据。

（一）基本测量原理

多点平均温度计是在温度计中集成了多个温度探头（见图9-1），用特有的编码技术给每个温度探头按照一定的顺序进行编码，当表头读出温度探头每个温度信息的同时，也读取了温度探头的编码信息及温度探头的位置信息并进行比较，来准确地判断油罐中液体的位置，再由表头计算出液体温度的平均值并输出4～20mA的通用标准信号。

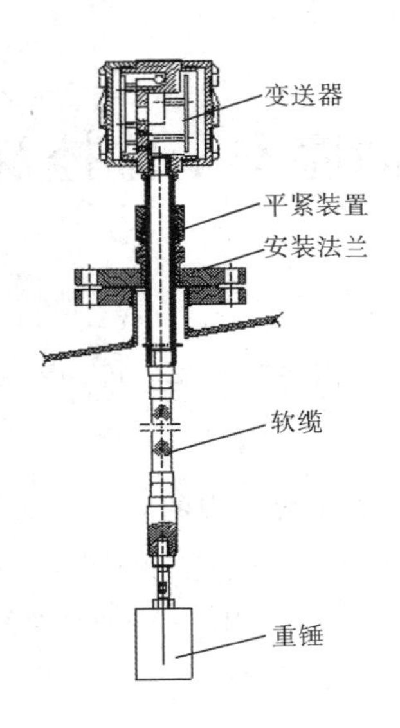

图 9-1　多点平均温度计

(二)基本技术特点

(1)自动判断液体位置、自动输出液体内的温度平均值；

(2)单点测量精度高，输出多点温度平均值，最能反映出液体温度的真实值；

(3)结构精巧耐用、安装简单方便、抗冲击性好、耐腐蚀，核心部件均为美国进口；

(4)可与雷达液位计、伺服液位计进行配套，精确计算储罐内介质的容量。

第十章　油库安全监控及通信系统

第一节　油库安全监控系统举例

安全是油库工作者十分重视的问题，随着信息技术的发展，出现了多种类型的安监系统，不少油库也开始使用，现列举 11 种不同类型的已经在油库应用的安全监控系统。

一、安防管控信息平台

油库安防管控信息平台，主要用于上级业务机关对所属油库风险作业情况远程监控、对风险预警和应急响应措施适时更新调整，对潜在的安全问题实时管控，实现风险预警管控提前、处置措施有的放矢。从已经应用该平台的单位来看，效果良好。

(一) 技术原理

系统综合采用了 GIS 技术、三维建模技术、数据集成技术、网络数据库技术，搭建油库作业风险实时监控、安防系统数据可视、作业预警过程可控等内容而成。

(二) 功能特点

该系统解决了油库综合信息与空间三维信息相融合的难题，具有以下特点：

(1) 场景拟真度高，直观立体，人机交互好；

(2) 系统集成度高，视景监控同步；

(3) 操作维护简单，运行稳定可靠。

(三) 主要性能

利用三维地理信息平台展示所属油库整体布局、各油库风险作业情况、风险评估与发布、安防信息、风险作业预警等信息情况。依托综合信息网络，对油库信息采集终端的数据进行综合集成，远程调取视频、门禁、查库到位等安防信息，实时监控油库储存、收发、安防、风险预警等情况。实现油库重大风险作业预警适时发布、上级机关网上全时监控、应急响应措施同步更新等功能。

二、高清视频一体化智能安防系统

（一）系统概述

高清视频一体化智能安防系统适用于非商业油库等重要场所的监控及预警，可对油库周界及重点区域进行全景式监控预警，对人员车辆进行高清识别管理；快速锁定分析视频实时图像（见图 10－1），根据预设规则主动报警；可通过开放式接口联入各种传感器和信息平台，实现一体化的预警联动和预案处理。

（a）营区周边翻墙警戒　　（b）营区出入口检测

（c）营区出入人物识别信号跟踪　　（d）营区放置异常物

图 10－1　高清视频一体化智能安防系统应用

（二）技术原理

采用高清视频、生物识别和智能分析技术，研制新一代智能安防监控系统，实现对油库周界及重点区域的全景式监控，对人员车辆的高清识别管理，对实时视频图像快速准确分析和主动报警，并可通过开放式接口联入各种传感器和信息平台，实现一体化的预警联动和预案处理。

（三）功能特点

高清摄像，智能识别，全天候监控，主动报警。

（四）主要性能

(1)分辨率最高可达2550×1660，是目前安全监控视频标准的二十倍以上，居国际领先水平。

(2)内置面部、指纹、虹膜、耳廓和语音等智能生物识别模块。

(3)采用自主知识产权的智能分析技术实现对象识别应用，并可实现复杂环境下周界入侵、区域防卫、重点区域物品遗留或消失等模式的智能检测。

(4)内置开放式接口，可以有线/无线方式接入各种传感器，实现报警联动。

(5)嵌入OPC接口，可实现与信息系统的无缝连接。

三、区域防入侵系统

（一）系统概述

区域防入侵系统是利用光纤传感技术构建的边界防范系统（见图10-2），在抗干扰、防爆性、信号识别等多项技术指标上都高于传统式边界防范方法，能满足管道场站/阀室、机场、油库、自然林区、通信站、看守所、场站周界安防的要求。系统解决了常规防范技术（红外对射、激光对射等）易受外界环境、恶劣天气影响及常规泄漏电缆防爆应用限制等问题，具有极高的报警准确率，极低的误报率，能有效地保护重点区域和设施的安全。

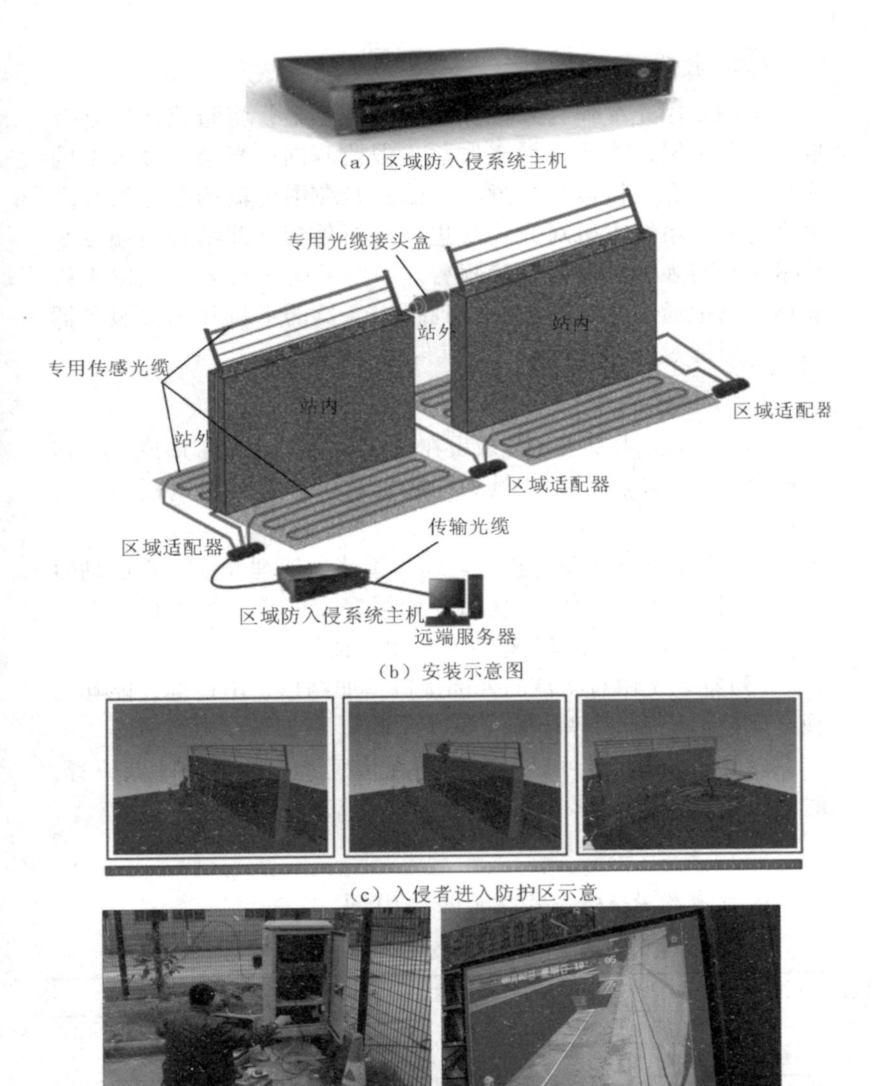

（a）区域防入侵系统主机

（b）安装示意图

（c）入侵者进入防护区示意

（d）实例图片

图 10-2　区域防入侵系统示意图

（二）技术原理

采用专用光缆作为入侵振动检测传感器，将防范区域划分成多个子区域，形成区域立体防入侵监测网；当某个分区中的光缆受到外界入侵事件的扰动，引起光缆中传输的激光特性产生变化时，系统主机对光信号进行分析处理，并结合尖端专利技术实现对入侵事件的精确报警。系统同时将报警信息以手机短信或其他通信方式同步发送到指定人员的手机和远程服务器上，也可通过外部接口实现与其他系统的联动。

（三）功能特点

（1）系统使用专用光缆敷设在防区的不同区域，形成一个多点联合立体式防御网。并且不同防区也可以实现对入侵地点的定位。

（2）系统只有在墙头护栏光缆先于墙内地埋光缆产生震动时才会确定有入侵事件发生从而开始报警。这样就极大程度上杜绝了天气、飞鸟、蹬踏墙壁等误报事件的发生。

（3）本系统留有丰富的外部接口，如网口、串口等，能够与视屏监控系统等进行联动。

（4）通过显示器可显示出作用在传感器上的震动区域位置，时间等信息。

（四）主要性能

区域防入侵系统主要性能见表10-1。

表10-1　区域防入侵系统主要性能

<table>
<tr><td colspan="2">型　号</td><td>RAI－F5</td><td>RAI－F10</td></tr>
<tr><td colspan="2">单台监控区域/分区</td><td>5</td><td>10</td></tr>
<tr><td colspan="2">单台最大监测长度/km</td><td>2.5</td><td>5</td></tr>
<tr><td>传感器</td><td>响应时间/s</td><td>功耗/W</td><td>质量/kg</td></tr>
<tr><td>专用光缆</td><td><2</td><td>20</td><td>15</td></tr>
<tr><td>工作温度/℃</td><td>工作湿度/%</td><td>尺寸/mm</td><td></td></tr>
<tr><td>－20～50</td><td>30～70</td><td>486×86.5×400</td><td></td></tr>
</table>

四、刺网光纤振动式周界入侵报警系统

(一)系统概述

刺网光纤振动式周界入侵报警系统(见图 10-3)基于光纤振动探测的无源及抗干扰性，以及灵活的铺设安装方式，适用于周界环境复杂，安全等级要求高的单位，特别适用于易燃易爆的油库和雷击多发的野外地形。同时，系统本身还自带刺网具有很好的安全防护和威慑功能，应用前景较其他周界入侵报警防护系统越来越广泛。

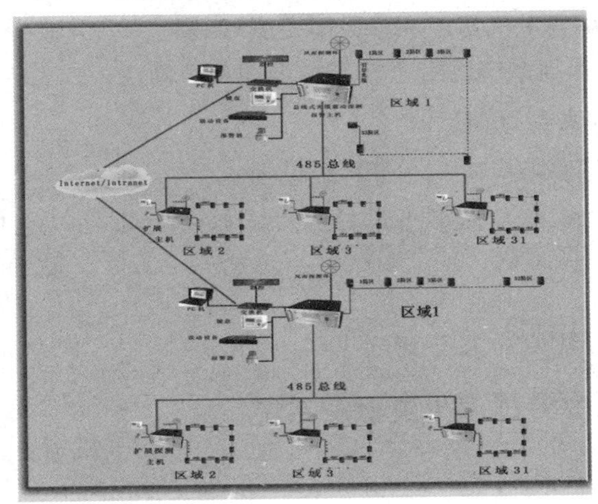

图 10-3　刺网光纤振动式周界入侵报警系统

（二）技术原理

通过报警主机的激光发射器发出直流单色光波，由光纤耦合器分别沿正向和反向耦合进入两芯传感的光纤，形成正、反向环路马赫－泽德干涉光信号；当光纤受到沿线外界振动干扰后，将会引起光波在光纤传输中相位的变化，形成光信号相位调制传感信号，再通过光纤耦合器和光环行器传送至报警主机的光电探测器，检测光信号的光强变化，从而实现光纤振动探测及相应入侵报警。

（三）功能特点

（1）现场监测设备不带电，安全可靠；

（2）能够实时监测周界防护区域非法入侵信息报警和管理；

（3）能够在哨所和监控值班室同步显示报警区域；

（4）能够与视频监控系统联动，报警现场可视；

（5）能够对报警区域进行布防和撤防操作；

（6）主机与扩展主机可通过网络进行通信，可实现网络集中式管理与维护，具有网络后期互联扩展功能，能通过网络连接扩展新的报警防区；

（7）每套主机使用一套风雨探测环装置，大大减少风雨误报警问题，提高系统的安全性、稳定性和准确性。

（四）主要性能

（1）报警响应时间在毫秒级以内；

（2）光缆振动探测主机自带防区数不超过 32 个，同时可容纳 30 个扩展主机，整个系统可容纳 992 个防区，每个间隔不超过 1km；

（3）使用寿命大于 20 年。

五、光纤感温火灾探测系统

（一）系统概述

分布式温度传感（DTS）系统（见图 10－4）采用光时域反

射(OTDR)技术，OTDR 技术与其后端处理器、嵌入式软件、扩展结构结合在一起，为最终用户系统提供接口(如 SCADA)、用户合理配置及数据管理软件。DTS 提供了灵活的温度监测方案，能用于工业和环境监测，例如油库、隧道、电厂、地铁等场所。

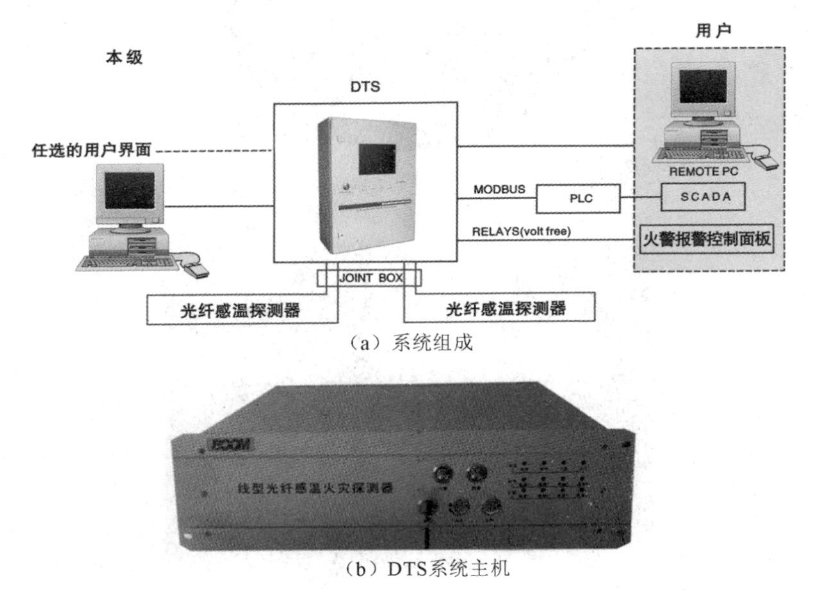

（a）系统组成

（b）DTS系统主机

继电器输出1，继电器输出2　VGA　通道1，通道2，通道3，通道4　USB1,USB2

电源输入端子　电源开关　网口1，网口2，网口3，串口1，串口2，串口3，电源监控

（c）DTS系统接口

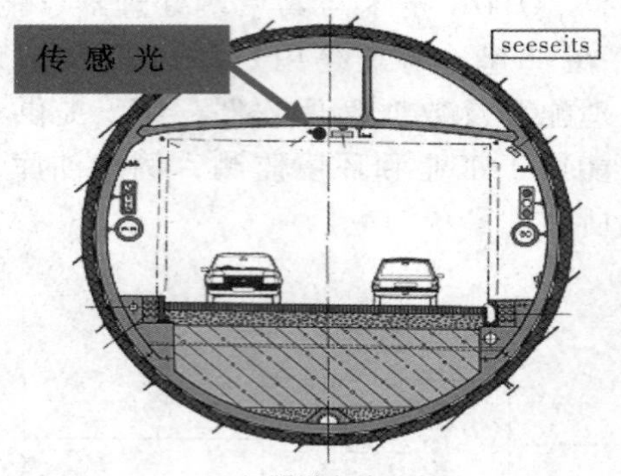

（d）隧道安装示意图

（e）磁铁、传感光缆安装图

图 10-4　DTS 系统示意图

（二）技术原理

DTS 系统工作是基于光时域反射原理（OTDR），当光传输经过一光纤时，在光纤中将发生散射。散射方向任意，包括返回到光源的方向（已知的后向散射）。散射就会导致光强发生变化，因此，基于返回的光强即可确定光纤的状况。

（三）功能特点

DTS 采用光纤作传感元件，而不是采用传统的温度感应元件，例如，基于离散电子元件的系统(热电偶或铂电阻温度计)。DTS 系统的最大优点是允许在单一传感器上进行数千点的温度监测。而基于离散的元件的系统仅能在一点上提供温度数据，反映某一局部地区的平均数据。

(四)主要性能

DTS600 系统主要性能见表 10-2。

表 10-2　DTS600 系统主要性能

型号	DTS600			
光纤类型	测量距离	取样间隔	定位精度	温度精度
多模 62.5/125μm	6km，可定制	1m	1m	±1℃
温度分辨率	测温范围	光缆通道数	主机工作温度	主机工作湿度
±0.1℃	-270～700℃	1/2/4 通道	0～40℃	<95%
主机电源电压	主机通信接口	操作系统	主机外型尺寸/mm	主机重量
DC24V/AC220V	网口/RS232/485 继电器/USB、VGA	WindowsXP 及以上	482×134×424/ 550×1000×200	机柜约 25kg，壁挂式约 50kg

注：测温范围可根据选用的光缆来定；通道数可定制；外形尺寸机柜式/壁挂式。

六、TC-10C 系列微波入侵探测器

TC-10C 系列微波入侵探测器(见图 10-5)适用于安全防范等级要求高的室内场所。如：金库、军事区域、油库、银行、监狱、博物馆、机要大楼等。

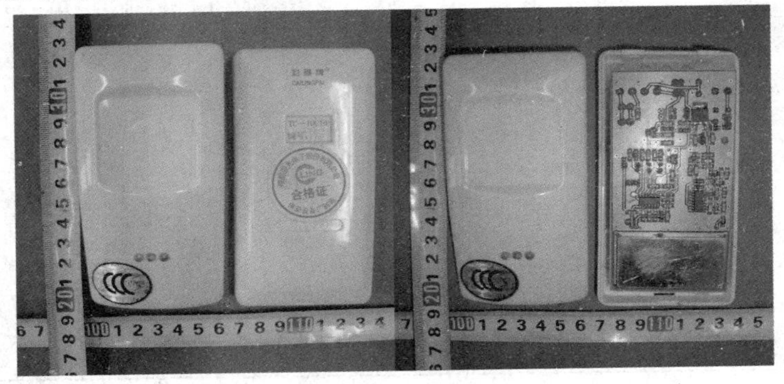

图 10-5　TC-10C 系列微波入侵探测器

（一）技术原理

以微波多普勒原理设计，采用平面微带阵列天线、介质稳频振荡器、平衡混频器等技术构成其核心，通过自适应信号处理技术、瞬态干扰抑制技术以及 EMC 设计，降低了误报率，提高了稳定性和可靠性。

（二）功能特点

(1)具有立体防范、稳定可靠、无温升、无频漂、耗电低、误报率低、性能无褪变等特点；

(2)可隐蔽安装，不影响防范区域美观；

(3)零漏报率，并可防止智能破坏；

(4)通过国家强制 3C 认证。

（三）主要性能

TC－10C 系列微波入侵探测器主要性能见表 10－3。

表 10－3　TC－10C 系列微波入侵探测器主要性能

名称		参数	名称		参数
电源电压/VDC	典型值	12	微波振荡频率/GHz		10.525 ±1
	适应范围	12 ~ 15	脉冲调制频率/kHz		2 ±0.5
电流/mA	典型值	25	报警输出	继电器	常闭触点 NC
	最大值	30		触点容量	24VDC/0.1A
尺寸/mm		125 ×65 ×40	温度/℃	储存	－15 ~ 55
				工作度	－10 ~ 50

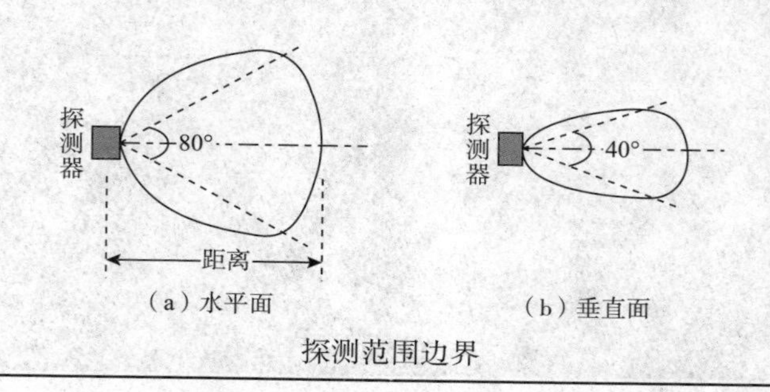

（a）水平面　（b）垂直面

探测范围边界

续表

型号	TC－10C06	TC－10C8	TC－10C10
距离/m	6	8	10

七、ZD－76系列遮挡式微波入侵探测器

（一）探测器概述

ZD－76系列遮挡式微波入侵探测器（见图10－6）适用于营房、宿营地、军事基地、武器弹药库、导弹发射场等军事区域及油库、加油站、机场、监狱、博物馆、发电站、仓库、机要大楼等要害部门的室内外安全防范，通过实际使用其性能稳定、可靠性高（长时间连续运转误报率极低）、效果很好。该探测器分为通用型ZD－76XXX和防爆型ZD－76XXXFB两种。

（1）通用型ZD－76XXX除了可以固定安装外，还可采用移动式安装，简单、方便、灵活、快速的安装使用，满足非固定防范区域（如移动营房、飞机维护、物资临时堆放场等）或需临时防范的区域需求。它由微波接收机、微波发射机、可充电蓄电池组、无线报警传输模块（仅微波接收机需配）、三角安装支架组成。

（2）防爆型ZD－76XXXFB是为了满足特殊场所（如油库、加油站、弹药库等易燃易爆场所）的防范需要。

（二）技术原理

由微波发射机和微波接收机两部分组成。发射机和接收机之间形成一个稳定的立体纺锤体形状的微波场，用来警戒所要防范的区域，利用场扰动或波束阻断原理探测入侵者，产生报警信号。

（三）功能特点

（1）立体防范、无法利用死区穿越；

（2）可采取隐蔽式安装、防伪安装；

（3）天气变化影响小、全天候工作；

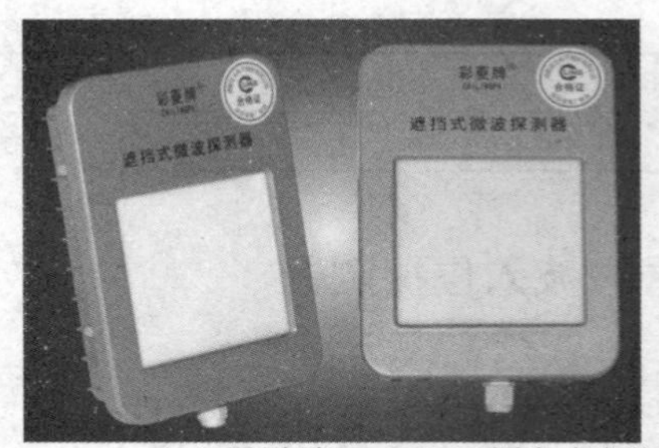

（a）通用型ZD-76XXX固定式安装　　（b）通用型ZD-76XXX移动式安装

（c）防爆型ZD-76XXXFB

图 10-6　ZD-76 系列遮挡式微波入侵探测器

（4）漏报率极低、几乎无漏报。

（四）红外对射－微波对射－电子围栏的比较

通过比较说明微波对射探测器是性价比很高的户外周界报警产品，见表 10-4。

表 10-4　红外对射－微波对射－电子围栏比较

周界	红外对射	微波对射	电子围攻栏
探测技术	-940nm 红外光	波长 -3cm 微波	脉冲电缆
安装形式	一般在围墙上	围墙或落地均可	一般设在围墙上
安装难度	简单	简单	复杂
美观度	一般	好	差
地形适应性	差，要求直线	一般，或略带弧度或坡度	好，任意地形变化
树木干扰	严重	一般	较少

续表

周界	红外对射	微波对射	电子围攻栏
雨雪雾干扰	误报严重	无影响	无影响
小动物干扰	严重	小	小
探测区	线性，容易突破	立体大范围区域	大范围面区域
造价	低廉	中等	高

（五）主要性能

ZD－76 系列遮挡式微波入侵探测器主要性能见表 10－5。

表 10－5　ZD－76 系列遮挡式微波入侵探测器主要性能

微波频率（X 波段）/GHz	9～11	输出接口	继电器常闭触点

在发射机和接收机之间形成一个立体的探测空间（纺锤体），纺锤体的长度 60～100m，最大截面直径 3～5m

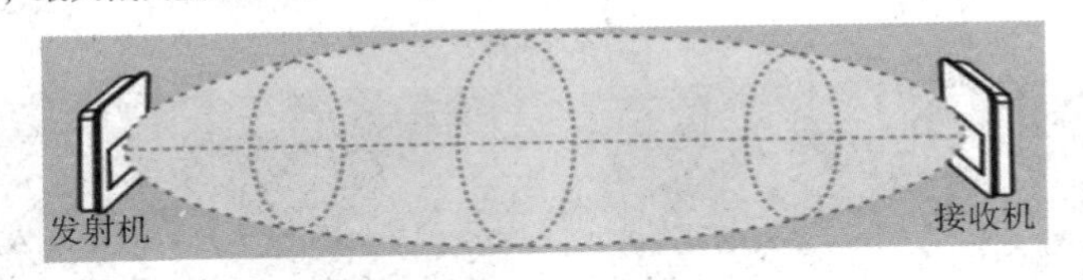

探测范围示意图

最大警戒距离/m	@ZD－7660/@ZD－7660FB	60
	@ZD－76100/@ZD－76100FB	100
外形尺寸/mm	@ZD－7660	185×135×50
	@ZD－7660FB	300×310×185
质量/kg	@ZD－7660	2
	@ZD－7660FB	15

八、视频周界识别技术

智能视频周界报警服务器（见图 10－7）适用于重要场所、警戒区域与贵重物品防卫使用，如油品、武器、弹药、金库等。

（a）智能视频周界报警服务器

（b）系统架构

（c）入侵报警实例

（d）跟踪模式实例

图 10-7　智能视频周界报警服务器应用

智能视频周界报警服务器主要性能与特点见表10－6。

表10－6　智能视频周界报警服务器主要性能与特点

<table>
<tr><th>名　称</th><th colspan="4">主要内容</th></tr>
<tr><td>1. 技术原理</td><td colspan="4">视频周界识别技术就是计算机视觉技术在安防领域的应用。视频周界识别技术借助于计算机强大的数据处理功能，依靠算法，对图像或者视频中的海量数据进行高速分析与理解，去粗取精，去伪存真，向使用者提供真正有用的关键信息</td></tr>
<tr><td rowspan="4">2. 功能特点</td><td colspan="4">(1)预设视频报警规则</td></tr>
<tr><td colspan="4">(2)智能识别入侵对象</td></tr>
<tr><td colspan="4">(3)跟踪监测入侵对象</td></tr>
<tr><td colspan="4">(4)自动发送报警信号</td></tr>
<tr><td rowspan="3">3. 主要用途</td><td colspan="4">(1)重要场所周界防范</td></tr>
<tr><td colspan="4">(2)贵重物品偷盗检测</td></tr>
<tr><td colspan="4">(3)警戒区域异常检测</td></tr>
<tr><td>4. 设备类型</td><td colspan="4">智能视频周界系统报警主机</td></tr>
<tr><td rowspan="8">5. 基本性能</td><td>(1)处理器</td><td colspan="3">工业级8核专用微处理器</td></tr>
<tr><td>(2)视频输入</td><td colspan="3">4路BNC接口/6路BNC接口</td></tr>
<tr><td>(3)视频输出</td><td colspan="3">1路VGA输出(支持1280×1024/1024×768/1280×720分辨率)</td></tr>
<tr><td>(4)音频输出</td><td colspan="3">1路线性音频输出</td></tr>
<tr><td>(5)通信接口</td><td colspan="3">RS232，RJ－45</td></tr>
<tr><td>(6)操作系统</td><td colspan="3">嵌入式LINUX操作系统</td></tr>
<tr><td>(7)安装方式</td><td colspan="3">机架安装，台式安装，2个USB2．0接口</td></tr>
<tr><td>(8)其他</td><td colspan="3">内部支持4个SATA硬盘接口，支持独立的eSATAⅡ接口</td></tr>
<tr><td rowspan="3">6. 电力规格</td><td rowspan="3">电源</td><td>电压/V</td><td>频率/Hz</td><td>功率/W</td></tr>
<tr><td rowspan="2">220±10%/110</td><td>50±2%/60</td><td rowspan="2">25～40
(不含硬盘)</td></tr>
<tr><td></td></tr>
<tr><td rowspan="2">7. 环境参数</td><td colspan="2">工作温度/℃</td><td colspan="2">工作湿度</td></tr>
<tr><td colspan="2">0℃～55</td><td colspan="2">10%～90%</td></tr>
</table>

九、携行式智能安全警戒系统

（一）系统概述

携行式智能安全警戒系统（见图 10－8）主要应用于具备风险等级的开设式指挥所和通信枢纽、野战装备和后勤仓库、机动侦察和发射基地以及需要加强安全保护的重要区域。

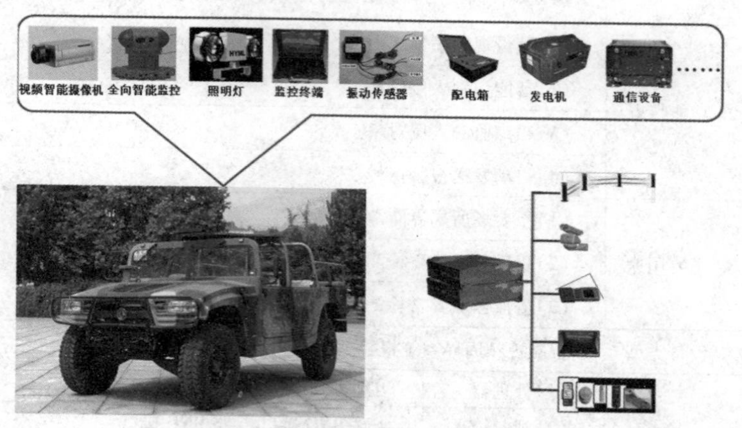

（a）系统组成-携行和车载方式

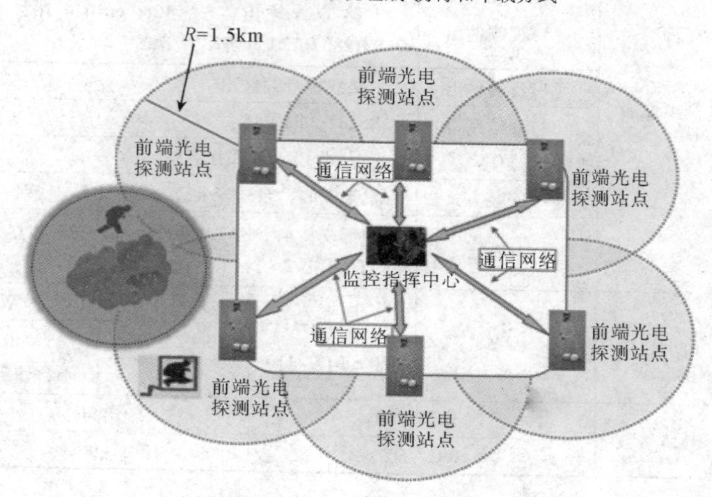

（b）周界防护系统结构图

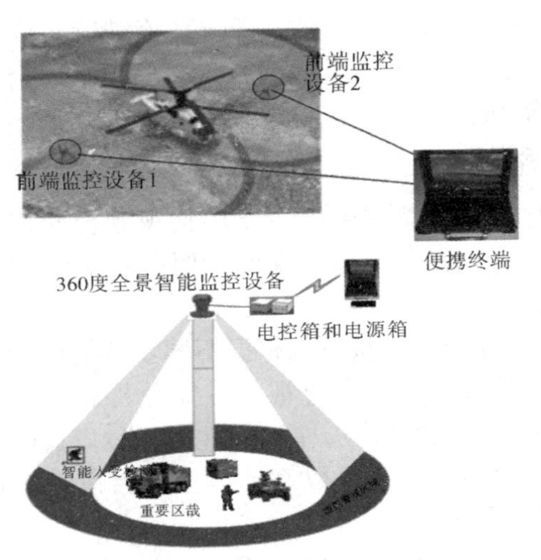

（c）重要目标监控系统结构图

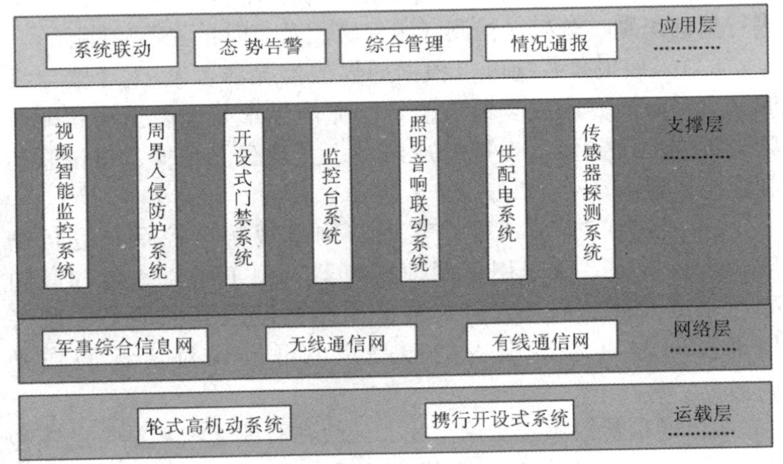

（d）系统组成体系结构图

图 10-8　携行式智能安全警戒系统结构图

（二）技术原理

携行式智能安全警戒系统将针对保护目标临时设置的视频

监控、入侵报警、出入口控制等安防系统进行集成，采用先进的网络通信传输技术(有线和无线)，实现对目标进行智能检测、自动报警和自动跟踪。

(三)功能特点

携行式智能安全警戒系统主要包括视频智能监控、周界入侵报警、出入口控制、传感器探测、照明音响联动、供配电和集中监控等子系统。

(1)视频智能监控系统可以根据不同场所的应用需求，灵活配备一定数量的摄像机。通过视频智能分析装置，不仅可以实现全天候的实时不间断监控，同时可以实现对目标的跟踪定位、智能检测和自动预警，还可以手动操控单台设备实现对目标进行锁定跟踪。

(2)出入口监控系统主要由门禁系统和网络视频智能监控系统组成，可以实现全天候不间断地在数十米范围内对人员车辆进行精确识别、分析、检测、跟踪定位及实时报警等功能。

(3)入侵报警系统可以根据周界的情况部署1~6个光电探测站点，对周界形成全覆盖监控；在周界重要地段采用智能视频分析技术设置多重虚拟警戒区域；实现智能预警、报警联动和声光报警。

(4)照明广播系统可以实现与网络视频监控系统进行联动；声音警报系统采用可调频扬声器，用于广播宣传和高频噪声驱散人群。强光告警装置采用高亮度强光照明灯，既可用于夜间数百米范围内的照亮，也可实现对目标的强光震慑。

(5)通信传输系统采用有线、无线和有线无线相结合的3种方式进行视频高速传输。有线方式采用军用被复线传输设备和配套线缆；无线方式采用车载台、手持台和传感服务器等设备传输。

(四)主要性能

(1)可对防护目标、区域全方位监控、报警，对恶意破坏、擅自闯入等入侵行为形成威慑；

(2)具有较高的安全防护等级(二级以上风险目标)；

(3)可快速、独立开设临时性安防系统(目标、营地和楼宇)；

(4)在有限区域内构建两层以上防护网络；

(5)系统具有良好的携行性，能有效地满足突发事件的需要。

十、智能图像火灾自动探测报警系统

(一)系统概述

智能图像火灾自动探测报警系统(见图 10-9)主要用于石油化工等行业室外及高大空间重点防火区域的火灾探测报警，如油库、火工库、炼油厂、化工厂等。

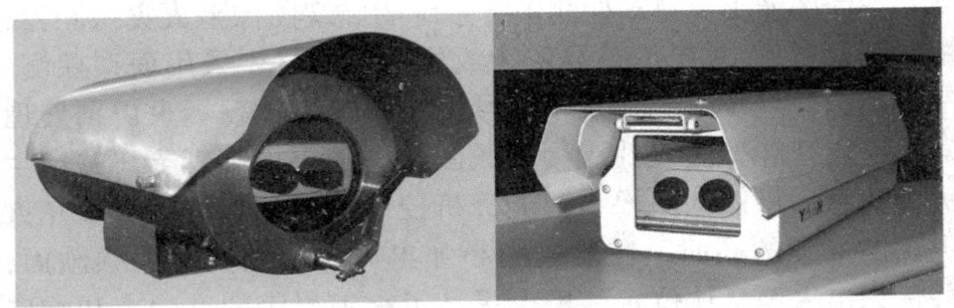

(a)防爆型智能图像火灾探测器标准型智能图像火灾探测器

(b)探测山火灾图像探测库房火灾图像

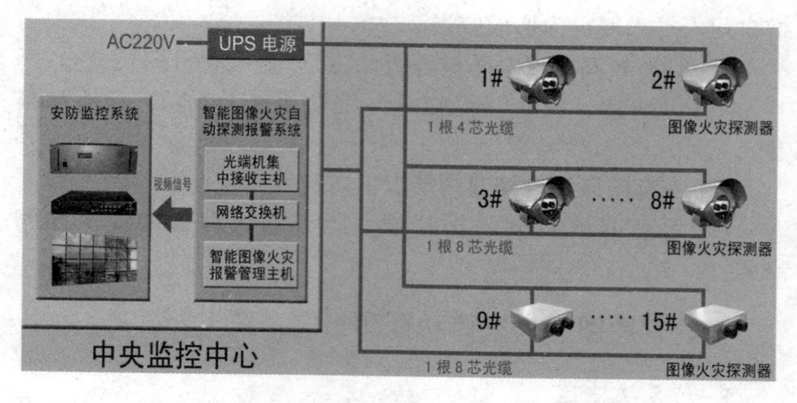

图 10-9　智能图像火灾自动探测报警系统构架图

(二)技术原理

智能图像火灾自动探测报警系统的前端图像型火灾探测器，配置高分辨率 CCD 传感器作为成像探测器件，采用面型探测、三维图像处理技术，将视频信号传送到智能视频烟火识别处理器，应用智能算法软件检测视频图像内的火焰和烟雾，并产生火警信息，将视觉图像和智能分析控制一体化。可以实现在火灾探测报警的同时，在监控中心弹出火警现场实时视频画面，并标识出火警具体位置，极大提高了火灾报警的准确率和响应速度。

(三)功能特点

智能图像火灾自动探测报警系统在显著增大探测距离和探测灵敏度的同时，有效地消除环境干扰，并具有良好的密封性和防腐蚀特性。同时具有火灾探测和视频监控双重功能，实现可视化报警，能在各种复杂环境下对火情做出准确的判断。可同时提供视频、网络、开关量三种报警方式，灵活接入各类视频监控系统和火灾报警系统。

(四)主要性能

智能图像火灾自动探测报警属于火灾早期探测报警。室外最小检测火焰15cm×15cm汽油盘火，响应速度一般5s，极大缩短发现火灾的时间和发出报警的时间；探测距离最远可达300m，报警准确率可达99.9%。VFSD专利技术，彻底解决灯光、太阳强光、耀斑辐射、黑体辐射、电弧焊、CO_2气体排放等干扰源引起的误报；在各种环境恶劣、危险程度高的工业场所使用不会影响探测器灵敏度；保证设备在恶劣环境下长期安全运行。其技术指标见表10-7。

表10-7　智能图像火灾自动探测报警系统主要技术指标

产品类型	分型类别	视场角		最远探测距离/m（国标火）
		水平视场角/(°)	垂直视场角/(°)	
标准型 防爆型	A	64	50	40
	B	42	32	60
	C	32	24	80
	D	22	17	100
	E	10	8	300

十一、自动跟踪定位射流灭火装置

（一）装置概述

自动跟踪定位射流灭火装置（见图10-10～图10-12）主要应用于油库、仓库、展览馆、博物馆、图书馆、剧院、大型购物中心、机场、车站、码头、厂房、医院等室内外建筑和场所。

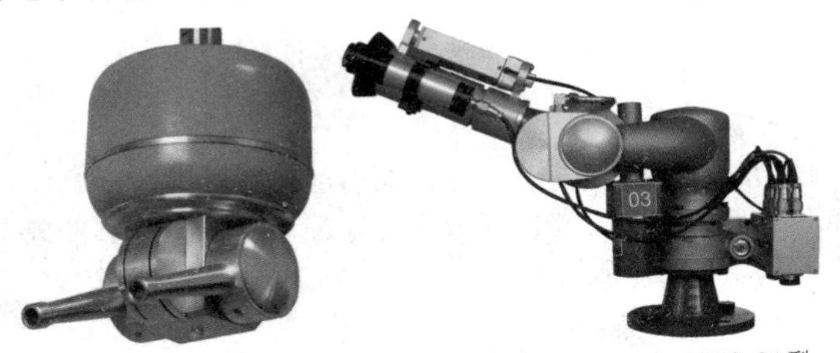

（a）SDK-ZDMS0.6/5S-SA型　　（b）SDK-ZDMS0.8/30S-SA型

图10-10　自动跟踪定位射流灭火装置

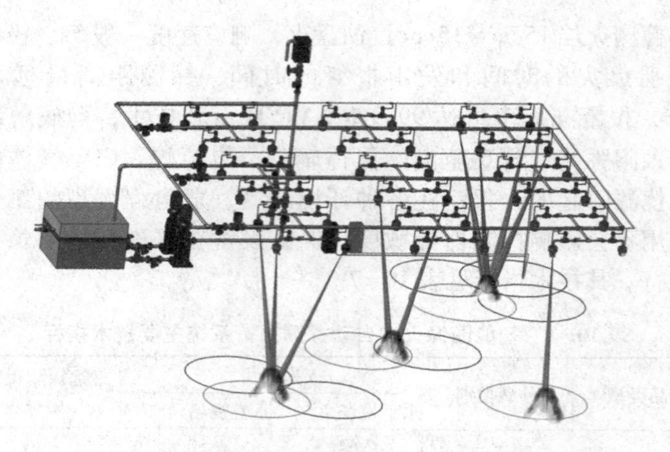

图 10-11　自动跟踪定位射流灭火装置系统结构图

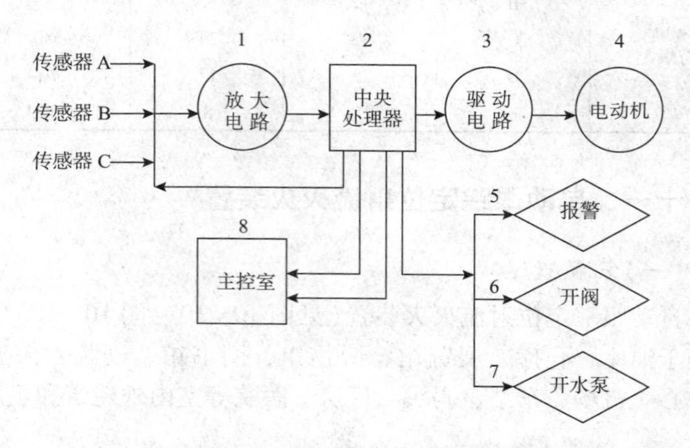

图 10-12　自动跟踪定位射流灭火装置控制原理图

(二)技术原理

自动跟踪定位射流灭火装置采用红外和紫外自动感应识别技术，集火灾探测报警、图像实时监控于一体，能够准确定位火点，自动智能高效灭火。

(三)功能特点

自动跟踪定位射流灭火装置具备感火焰、感烟雾复合火灾探测监控功能，100%覆盖率，无盲区、无死角，并能对保护区实时全方位监控探测。灭火系统根据着火点远近及大小自动修正灭火装置的喷射点角度，实现定位准确。灭火装置可以在水平和垂直方向进行大角度的旋转调节，以保护在其保护范围内的立体空间。灭火装置具有柱状/雾状无极转换功能，近距离喷射为雾状，远距离喷射为柱状，其转换功能可通过现场手动操作盘、中央手动操作盘和系统软件进行设定。灭火装置控制通过接口模块与火灾探测报警实现联动，做到定点扑救，实现智能化控制，在控制室清晰看到现场水炮的运动图像信息及现场扑救图像，对被保护场所进行无死角可视图像监控。火灾报警时系统硬盘录像机进行自动录像。灭火系统具有现场控制和远程控制功能，具有自动控制、手动控制、现场应急控制方式。

（四）主要性能

自动跟踪定位射流灭火装置主要性能见表10-8。

表10-8　自动跟踪定位射流灭火装置主要性能

型　号	SDK - ZDMS0.6/5S - SA	SDK - ZDMS0.8/30S - SA
工作压力/MPa	0.6	0.8
流量/(L/s)	5	30
射程/m	25	55
接口方式	螺纹 DN25	法兰 DN65
水平旋转角度/(°)	360	0 ~ 360
垂直旋转角度/(°)	-210 ~ +30	-85 ~ +60
材质	不锈钢、铝合金	不锈钢、铝合金
质量/kg	7.2	19

第二节　油库通信报警系统

油库应设置火灾报警电话系统、行政电话系统、无线通信系统、工业电视监视系统。一级石油库尚应设置计算机局域网络、入侵报警系统和出入口控制系统，并可根据需要设置调度电话系统、巡更系统。

电信设备供电应采用220VAC/380VAC 做为主电源。当采用直流供电方式时，应配备直流备用电源；当采用交流供电方式时，应采用UPS 电源。小容量交流用电设备，也可采用直流逆变器做为保障供电的措施。

一、自动电话系统

油库自动电话系统的设置，应根据油库的特点、规模、工程投资、总平面布置等因素综合考虑，现提如下几点原则。

(1)油库的自动电话系统，采用行政和调度合一的电话系统。三级、四级、五级油库一般不设电话交换机，宜直接从当地电信公司外引模拟电话线路，在综合办公楼内设电话分线箱，在市话局设虚拟局域交换网络。

(2)数字程控交换机的选型：二级以上油库应设计采用自动程控数字交换机，电话交换机配备数字中继接口、模拟用户接口、光缆接口、X. 25 接口、ISDN 接口、数据通信接口(异步及同步)、卫星通信接口。

(3)电话交换机电源负荷等级按二级设计，从油库不同的两段低压母线各引一条低压电缆。

(4)选用成品保安配线柜。

(5)电话交换机房对其他专业的要求：

①电话交换机设置在机柜间，与网络交换机、闭路电视监控机柜、火灾报警控制器、有线电视前端箱、仪表机柜间等同设在一间。机柜间设空调系统，设300mm 高防静电地板，设置金属纱窗及墙壁内设金属挂网。并与构造柱、圈梁、M 型等电位连接网络等组成防电磁法拉第网。

②长期工作温度18 ~28℃；短期工作温度10 ~35℃。

③长期工作相对湿度35% ~75%；短期工作相对湿度10% ~90%。

④程控交换机室及LAN 设备室应设置二氧化碳或者卤代烷

灭火器。

(6)建筑物群之间的市话电缆采用铜芯聚乙烯绝缘、聚乙烯护套钢带铠装通信电缆(HYY22)直埋地敷设。

(7)建筑物内采用暗装铁壳电话分线箱，综合布线应采用超五类以上双绞线穿镀锌水煤气钢管在墙内或现浇楼板内暗敷至暗装电话出线座。电话分线箱和电话出线座安装高度距室内地坪0.3m。

(8)普通电话机采用双音多频电话机，消防值班室采用自动录音电话机。消防值班室还应设119直通电话。储罐区和装卸区设置防爆火灾报警电话。

(9)计算机局域网络应满足油库数据通信和信息管理系统建设的要求。信息插座宜设在油库办公楼、控制室、化验室等场所。

二、火灾报警系统

油库的生产区、公用及辅助生产设施、全厂性重要设施和区域性重要设施的火灾危险场所应设置火灾自动报警系统和火灾电话报警。

(一)火灾自动报警系统的设计应符合下列规定

(1)石油库火灾自动报警系统设计，应符合现行国家标准《火灾自动报警系统设计规范》GB 50116的规定。

(2)生产区、公用工程及辅助生产设施、全厂性重要设施和区域性重要设施等火灾危险性场所，应设置区域性火灾自动报警系统。

(3)两套及两套以上的区域性火灾自动报警系统，宜通过网络集成为全厂性火灾自动报警系统。

(4)火灾自动报警系统应设置警报装置。当生产区有扩音对讲系统时，可兼作为警报装置；当生产区无扩音对讲系统时，应设置声光警报器。

(5)区域性火灾报警控制器，应设置在该区域的控制室内。

当该区域无控制室时，应设置在24h有人值班的场所，其全部信息应通过网络传输到中央控制室。油库在消防站值班室、独立的中心控制室设区域火灾报警控制器，报警控制器设CAN及RS485接口，与感烟探测器之间采用总线方式。

(6)火灾自动报警系统可接收电视监视系统(CCTV)的报警信息，重要的火灾报警点应同时设置电视监视系统。

(7)重要的火灾危险场所应设置消防应急广播。当使用扩音对讲系统作为消防应急广播时，应能切换至消防应急广播状态。

(8)全厂性消防控制中心宜设置在中央控制室或生产调度中心，宜配置可显示全厂消防报警平面图的终端。

(9)储罐区和装卸区设置带地址编码的防爆手动报警按钮，在甲、乙类装卸区周围和储罐围堤外四周道路以及汽车装车设施及火车卸车设施区域，每隔35m设一个防爆手动报警按钮。

(10)单罐容积大于或等于30000m^3的浮顶罐的密封圈处应设置火灾自动报警系统；单罐容积大于或等于10000m^3并小于30000m^3的浮顶罐的密封圈处宜设置火灾自动报警系统。单罐容量大于或等于50000m^3的外浮顶罐，应在储罐上设置火灾自动探测装置，并应根据消防灭火系统联动控制要求划分火灾探测器的探测区域。当采用光纤型感温探测器时，光纤感温探测器应设置在储罐浮盘二次密封圈的上面。当采用光纤光栅感温探测器时，光栅探测器的间距不应大于3m。

(11)火灾自动报警系统的220VAC主电源应优先选择不间断电源(UPS)供电。直流备用电源应采用火灾报警控制器的专用蓄电池，应保证在主电源事故时持续供电时间不少于8h。

(二)火灾电话报警的设计应符合下列规定

(1)油库内应设消防值班室，消防值班室内应设专用受警录音电话。

(2)消防值班室与油库值班调度室、城镇消防站之间应设直通电话。

(3)消防站应设置可受理不少于两处同时报警的火灾受警录

音电话，且应设置无线通信设备。

(4)储罐区、装卸区和辅助作业区的值班室内，应设火灾报警电话。

(5)在生产调度中心、消防水泵站、中央控制室、总变配电所等重要场所应设置与消防站直通的专用电话。

三、工业电视监控系统

三级及以上成品油库应设工业电视监控系统，重点监视储罐区、油泵房、装卸车区、码头、油库出入口等部位，并根据安装场所选择适用的摄像机。

(1)电视监视系统的监视范围应覆盖储罐区、易燃和可燃液体泵站、易燃和可燃液体装卸设施、易燃和可燃液体灌桶设施和主要设施出入口等处。电视监控操作站宜分别设在生产控制室、消防控制室、消防站值班室和保卫值班室等地点。当设置火灾自动报警系统时，宜与电视监视系统联动控制。

(2)在油罐区高杆照明塔、大门守卫室、泵房、装卸车区、办公楼出入口、围墙等处设置摄像机；在仪表控制室、消防站值班室及大门守卫室，设分控键盘和监视器。

(3)摄像机应为低照度；罐区高杆照明塔摄像机应具逆光补偿功能。

(4)摄像机、解码器等统一采用220V交流电，电视监控系统要求用电设备的端电压变化范围不大于220V ±10%。

(5)油库平面分布很大，摄像机采用总线式供电和分散供电相结合的方式供电，所有摄像机均应采用同一相线。个别不能满足电压质量要求的，设置电子稳压器。

四、无线对讲系统

油库流动作业的岗位，应配置无线电通信设备，并宜采用无线对讲系统或集群通信系统。无线通信手持机应采用防爆型。

无线对讲系统设备除须符合本设计所提出的技术要求、功能要求和环境使用要求外，还须符合国内相关标准，并取得国家有关监督、检验、认证机构的认证。

对讲机主要参数如下：

发射功率：2～5W；

工作方式：同频单工或异频单工；

通信距离：5km；

频道：1～20个；

防爆标志：dibⅡCT5（不能低于使用区域的防爆要求）；

功能要求：设备要求抗干扰能力强，操作简单，维护工作量小，在设备标定的通话范围内，通话质量清晰，音量可调。

五、生产及安全巡更系统

在重要的生产岗位、安全防范地点应设置安全巡更系统，巡更系统可选用离线式。

六、门禁刷卡系统

门禁控制系统属于弱电智能化系统中的一种安防系统，是近年广泛应用的高科技安全设施之一，在国内外重要场所得到广泛普及和应用。油库在十分注重安全的今天，对进出一些重要部位（如储油区、作业区等）的人员，给予进出授权控制，门禁系统起着不可缺少的重要作用。门禁控制系统作为一种新型现代化安全管理系统，集自动识别技术和现代安全管理措施为一体，涉及电子、机械、光学、计算机技术、通信技术、生物技术等诸多新技术。

门禁控制系统通过在主要管理区的通道口安装门磁开关、电控锁或读卡机等控制装置，由中心控制室监控，能够对各通道口的位置、通行对象及通行时间等实时进行控制。门禁控制系统采用电子与信息技术为系统平台，以识别人和物的数字化编码信息、数字化特征信息为技术核心，通过识别处理相关信息，从而驱动执行机构动作和指示，对目标在门禁的出入行为选择实施放行、拒绝、记录或报警。其基本功能是事先对出入人员允许的出入时间段和出入区域等进行设置，之后则根据预先设置的权限对进门人员进行有效地管理，通过门的开启与关闭来保证授权人员的自由出入，限制未授权人员的进入，对暴力强行进出门行为予以报警，同时，对出入门人员的代码和出入时间等信息进行实时的登录与存储。

油库宜在综合办公楼、中心控制室、中心化验室、消防站等处设置门禁工作刷卡系统。三级及以上成品油库的综合办公楼、中心控制室、中心化验室、消防站等处宜设置门禁和工作卡刷卡系统。

门禁是一个系统概念，整个门禁系统由卡片、读卡器、控制器、锁具(磁力锁、电插锁、阴极锁等)、按钮、电源、线缆、门禁软件及门磁开关等设备组成，参见图 10-13。

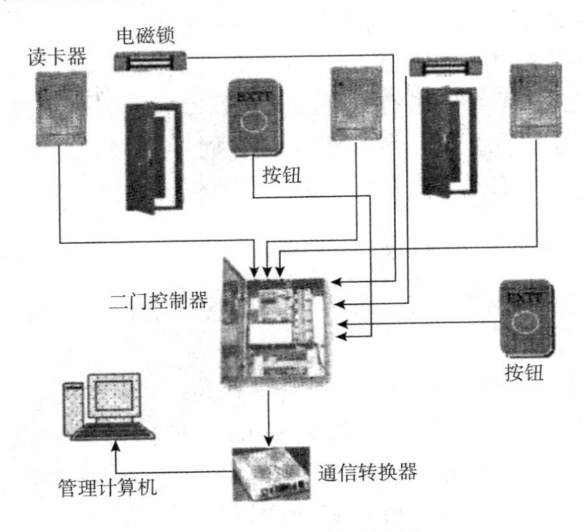

图 10-13　门禁系统图

七、公共广播和综合报警系统

油库宜设置公共广播和综合报警系统。在场区和建筑物内设置扬声器，功率放大器应设置在机柜间，放大器功率应在实际使用基础上考虑10% ~30%的余量。

公共广播和综合报警系统应与火灾自动报警系统联动。

八、周界报警系统

周界是油库外围防护设施，是油库的第一道防线。然而由于周界很长，一些地段偏远，人工难以全天候巡查，往往遭受非法入侵。为确保油库的安全，把好油库的第一道关，建设油库周界防范系统是很有必要的。周界防范系统以防区为基本单元进行管理。

周界防范系统的基本功能是自动探测发生在防区内的非法越界行为，一旦探测到有越界，立即产生报警信号，并提供发生报警的区域部位，同时与视频监控系统、电话报警系统构成联动，快速显示报警现场图像并进行录像，再辅以人工巡更、声音监听等必要的防范措施，即可形成油库的第一道技术防范屏障，周界防范系统可有效地防范对油库周界的非法侵入。

作为监视系统的一种辅助手段，周界报警系统宜沿油库围墙布设，报警主机宜设在门卫值班室或保卫办公室内。

九、通信线路敷设

(1)室内通信线路，非防爆场所宜暗敷设，防爆场所应明敷设。

(2)室外通信线路敷设应符合下列规定：

①在生产区敷设的电信线路宜采用电缆沟、电缆管道埋地、直埋等地面下敷设方式。采用电缆沟时，电缆沟应充沙填实。

②生产区局部地方确需在地面以上敷设的电缆应采用保护管或带盖板的电缆桥架等方式敷设。

主要参考文献

[1]范继义．油库设备设施实用技术丛书——油库消防设施．北京：中国石化出版社，2007.

[2]《油库技术与管理手册》编写组．油库技术与管理手册．上海：上海科学技术出版社，1997.

[3]马秀让．石油库管理与整修手册．北京：金盾出版社，1992.

[4]马秀让．油库工作数据手册．北京：中国石化出版社，2011.

[5]马秀让．油库设计实用手册(第二版)．北京：中国石化出版社，2014.